谨以此书与 5 年来奋战在一线的贵安人共勉

国家级新区绿色发展丛书

新城

New City

贵安微讲堂 5 年

梁盛平　编著

社会科学文献出版社
SOCIAL SCIENCES ACADEMIC PRESS (CHINA)

主要参与微讲堂博士专家等人员（排名不分先后）

白正府	柴洪辉	柴建勋	曹福全	曹成刚	崔立伟
陈智星	陈骅杨	陈洪兰	陈秋菊	陈栋为	陈可睿
陈鹏宇	谌贵全	丁 勇	范东旺	傅深生	封 帅
冯运胜	高建伟	高 峰	蒋文书	蒋楚麟	龚香宇
高笑歌	高 峰	龚 剑	韩 玥	何 成	何峻正
黄麟渊	贺凤娟	黄 武	胡 琴	胡明扬	KARL
胡 方	胡 杰	李庆瑞	李乔杨	李海燕	李 敏
李小武	刘 珣	李绍明	罗贵琴	罗以洪	罗 艳
罗洪松	罗 权	骆 伟	柳弋祎	刘汝才	刘亚丽
林 玲	李军宗	李 惠	刘孝蓉	罗文福	李 征
刘 立	李建涛	李珍智	梁盛平	梁昌征	梁 刚
龙希成	马爱国	马绍东	马 卿	欧阳红	潘善斌
潘彦君	潘 莺	彭仲尧	曲兆松	容小明	冉小军
任永强	申茂平	宋全杰	田丽敏	谭洪泉	王秀峰
王玉敏	王恩胜	王兴骥	王平安	王红霞	王 彦
王小峰	王晓晖	王 鹏	韦腾林	韦明波	魏 霞
魏建伟	吴可嘉	吴能鹏	伍子建	文凤华	任 岩
许立勇	许 文	向一鸣	肖 锐	杨 斌	杨秀伦
杨向东	杨 壮	杨 继	杨金月	杨晨丹妮	杨昌萍
颜春龙	颜红霞	姚飞远	姚朝兵	喻野平	袁远爽
袁本海	朱 军	朱四喜	张金芳	张登利	张 为
张寒敏	张 洁	张团聚	赵中杨	周 冲	周小农
周 欢	郑 艳	祝 婕	支 援	张 劲	张智斌
张 坤	张永贤	张 骁	左向荣		

新城善治

　　《新城》让我想起新城市，又不止于新城市主义规划设计理论。新城市主义（新都市主义）是20世纪90年代初针对郊区无序蔓延带来的城市问题而形成的一个新的城市规划及设计理论，1996年在美国南卡罗来纳州查尔斯顿召开的第四次大会上通过了《新都市主义宪章》。新城市主义倡导构建丰富多样的、适于步行的、紧凑的、混合使用的社区，形成完善的城市、乡镇、村社和邻里单元。涉及传统邻里社区发展理论和公共交通主导型开发理论。坚持紧凑性、适宜步行、功能复合、可支付性原则，建筑风貌与周边环境相协调，尊重当地的历史文化。

　　《新城》给我的体会。该书从贵安博士微讲堂5年时间内的讨论中选取27篇讨论稿编撰而成，主要形成"说规划""谈经济""为民生"三部分，紧紧围绕国家级新区贵安新区建区5年来的开发实践探索，推进包括"政府、企业、高校、研究机构、资本、媒体、应用"在内的跨领域、跨产业、跨学科、持续广泛、最自由的讨论，构建"政产学研资媒用"研究探索平台，讨论内容不仅涉及"新城市主义"规划设计理论与实践，更多触及了中国传统营建智慧。尽管《新城》采用静物式摆设，从不同角度讨论整理，但仍然能发现"新城"的中国潘多拉盒子的"点点星光"，给人们以很深的启发。尤其是中国改革开放40年来城市迅速发展，借鉴苏联式城市和欧美等西方城市规划经验后仍出现诸多"城市病"，尤其是城市规划和"建运管治"存在各体系割裂以及百姓的"获得感"不足等问题。城市成为"居住的机器"、让人生活得不那么美好的地方，并且是老百姓吐槽最多的事物，中国特色新兴城市探索必然成为当前新时代的重大课题和实践。

《新城》集民智、汇民意。坚持用脚做研究，深入群众，深入村寨村民村业，不断把研究沉下去，了解劳动人民真正的痛点，吸收群众的最广泛的智慧，汇合基层人民的广泛意向。这里也介绍下梁盛平的个人研究背景，我是梁盛平在北京大学进行区域经济学博士后的合作导师，梁盛平博士来自农村，较了解农村的同时又不断在基层做研究，经历较丰富，做过大学教师、地方政府领导、规划院院长、国家级新区总规划师等，有跨学科学习研究的经验体会，博士后期间就获得了国家博士后二等资助和特等资助以及社会青年项目资助，丰富的实践经历和跨学科研究产生了很多创新的火花。基于贵安新区城市实践探索，用三年时间已经完成了《绿色再发现》《贵安新区绿色发展指数报告（2016）》《山水田园城市实践》《生态文明与低冲击开发》等著作。尤其《山水田园城市实践》围绕贵安新区从"一张白纸"上规划建设国家级新城，提出城乡融合"三型五类"（整体村寨搬迁型、就地村寨提升型和未来村寨整合型）理念，构建集都市型社区和农村型社区（美丽乡村）于一体的新村社共同体，推进"规建运管治"系统建设和产业振兴计划，进而建成社区建设标准体系。《新城》在《山水田园城市实践》的研究基础上，依托贵安博士微讲堂平台，组织专家领导等深入产业园区、各村各寨与企业主、村民等进行现场交流讨论，直接收集民众美好生活向往的痛点和建议，收获最原汁原味的大众的智慧，汇集成册，使民意一览无余，在新型社区规划建设治理研究中完成大量的有时间维度的田野调查，为新城市发展提供重要基础养分。

《新城》善治。该编著第三部分"为民生"是"说规划"和"谈经济"两部分的落脚点，新城的开发最终是为了使老百姓有一个美好的生活环境，实现人与自然的和谐共生。在此，一是衷心希望继续通过微讲堂不断讨论，聚智汇意。坚持把讨论课堂深入基层、扎根基层、倾听真民意，掌握调查研究的主动权，确保高质量研究，结出研究硕果。二是不断深入新城村社共同体实践探索，始终坚持以人民为主体，以共同富裕为目标，以集体所有制为依托，完善基层社区治理。社会治理重心必须落到城乡社区，社区建设和管理服务能力强了，社会治理基础就实了。基础不牢，地动山摇，新城的根本基础在于社区的建设和治理。三是期待《新城》早日出版，希望有了微讲堂的广泛深入讨论后能够系统研究新兴城市，下一步在诸如贵安新区、雄安新区新城实践的基础上提出系统而科学的中国特色新城市理论，并且结合中国传统营建智慧总结出可复制可推广的经验模式。新城善治，新时代新城市是国家制度自信、道路自信、理论自信和文化自信的凝汇，通过新城市城乡融合巩固国家治理之基是国家未来抵御各种风险、推动国家治理体系和治理能力现代化的重要举措。新城让人民生活得更美好，满足人民日益增长的对美好生活的向往。

沈体雁（北京大学政府管理学院教授、博导、首都发展研究院副院长、

北京大学城市治理研究院执行院长）

写于北京大学 2018.11

这是新城市：不止于国家级新区（自序）

诚识：

城市再发现，新城市不止于规划，这不只是城市规划。

这是一本不同专业、不同工作岗位、不同经历的人士，关于国家级新区——贵安新区实践（从2013年起5年间微讲堂不定期讨论）探索而不只是城市规划的书。围绕大家心中新城理想展开广泛讨论，以每讲为一章，根据录音翻译编撰而成，从字里行间去寻找新城的诗意和远方，全心全意去识别这个新城市。

城式：

城式再发现，新城市不止于工业时期的苏联式和欧美式，新城不只是功能表达。

这是一本在全力进行泛讨论中不经意翻开千年中国古老文明遍布于东西南北中的传统器物、传统村落和传统市井等文化的散记。传统"郡邑"城式为我们打开了新城式的潘多拉盒子，姑且不论丰富无限的传统营建智慧，郡县制的城式和卫星城的邑城早已完成了城式实践的综合。真是退一步海阔天空，看老祖宗智慧，全然呈现于世界了。

城事：

城事再发现，新城市不止于居住的容器，新城不只是点、线、面、体。

这是一本因为城市病而群体发声整理的笔记。现代主义功能至上的居住容器——建筑——城市载体是该好好反省了，因为人不是物品，坚持以人为本，因地制宜，尊重历史，尊重地域，尤其是尊重城市故事，讲好城市故事，让人想讲城里故事，让城事里有人，新城事让生活更美好。

城势：

蓦然再回首，新城市不止于国家级新区，新城不只是旧城更新的解决方案。

这是一本讨论未来城市的"印记"。愈讨论生态智慧新城愈跃然纸上，老祖宗的营建智慧加上大数据加上绿色金融，新兴城市势不可当，贵安新区、雄安新区等国家级新区准备好了，准备在一张白纸上描绘并践行一座新兴城市，贡献中国特色新兴城市于己于他于未来，新城未来已来！

目录 CONTENTS

上篇　说规划

中篇　谈经济

下篇　为民生

上篇　**说规划**

第一章

《贵安新区总体规划方案》再思考

（第 1 期，2013 年 11 月 11 日）

新城观点：《贵安新区总体规划方案》（2013.10 版）要凝聚成一句话，建议使用"生态文明示范区"，包含三个层面："生态文明示范区"是核心竞争力；"产城融合创新区、城乡统筹先行区"是手段；"民族文化展示区、对外开放引领区"是引擎，是最先见效的。

我们认为，贵州的发展之所以让人觉得彷徨，是因为我们总在走一条别的新区已经走过的路，而贵州又不具备那些新区的优势。纵观全国，贵州的核心竞争力是它的生态、多民族和后发优势，这其实一下子就确定了其发展方向，同时也与十八大以来的"文化强国""生态文明""新兴产业"等高度吻合。

关键词：生态文明　民族优势　山地农业　新经济形态　后发赶超

相关讨论：住建部城乡统筹规划与建设模式课题组副组长贺凤娟、中国农业科学院区域规划所所长李征、中央电视台《新闻联播》栏目组组长杨金月、中欧生态合作委员会德国 SOL 生态规划事务所 KARL 博士于 2013 年 11 月 11 日对贵安新区总体规划（2013.10 版）进行了热烈讨论。

KARL 博士：

Man kann das Gebiet nach ökologischen Kriterien strukturieren, Naturnahe Flächen durch Biotopverbund vernetzen, durch Übergangsflächen, Zwischenzonen die Resilentz stärken（Fähigkeit nach Störung z.B Besiedlung, wieder in einen stabilen Zustand zur ü ckzugewinnen）die Störungsanfälligkeit senken.

整个地区应按生态原则进行空间结构布局，自然景观区域要通过生态联系廊连接。通过过渡区、关联区加强生态品质（舒缓新的开发区给生态环境带来的破坏，使之重新回到一种稳定的状态）。

Siedlungen mit Grünzonen umgeben, Verbindungen zwischen Siedlungsgrün und Naturflaäche herstellen, Diversität vergrößern.

新的开发区要有绿地围绕，连接开发区绿地和生态绿地，加强生态物种多样性。

Wasser : ökologisch ausgewogener Hochwasserschutz, Renaturierung von Fließgewässern, Revitalisierung, Vernetzung mit Naturlandschaft wieder Herstellen, naturnahe Wasserreinigung fördern, Regenwasserbewirtschaftung, Verbesserung Wasserrückhalt im Gebiet, Vermeidung von Gebietsabfluß, Vermeidung von Grundwasserabsenkungen, Wiedervernässung von Feuchtgebieten, Verbesserung der Siedlungsstrukturen。

水系统：采取生态平衡型的防洪方案，河流领域尽可能自然化，加强生态活跃性，重建自然空间网络体系，采用生态方式净化水系，充分利用雨水，强化区域内蓄水能力，减少水体流失量，避免降低地下水位，保持湿地内水量，改善开发区空间结构。

Um diese Ziele zu erreichen etc, da gibt es viel zu tun, die sollten uns dazu einmal eine Studie machen lassen。

要实现以上目标，还要做许多工作，建议做生态专项规划。

贺凤娟、刘立、李征、杨金月：

一 文件精神学习领悟

作为地区发展的纲领性文件，其对十八大以来党中央相关文件和习近平总书记系列谈话学习不够深刻，对未来十年国家政治和经济形势发展的方向和路径没有充分领悟，对贵安新区发展的重要性领会不够深刻。

最近，参加了对习近平总书记十八大以来若干次讲话的学习，系统领会习近平总书记治党治国的思路，可以看到：

（一）习近平总书记对国内外形势的发展有清醒的认识，对国内政治和经济形势的控制和调整有强大的信心和有条不紊的措施，很多过去已经约定俗成的东西会被打破

这当中，贵州地区的发展是有重大战略意义的，是大三角战略（贵阳、昆明、南宁）的核心部分，总规中虽然有涉及，但展开不多，没有具体措施。十八大以来，习近平总书记等中央领导人展开密集外交，尤其是2013年10月21日中央罕见地召开周边国家外交工作会议，为今后一个时期的外交工作提出了明确的目标。

陕西省在习近平总书记"再现丝绸之路"的号召下，迅速启动了"新西域工程"，大力展开对西亚、中亚地区的多边贸易，不光是旅游业，贸易得到提升，工业项目合作也已展开，双方互设产业园的计划也在落实中。西部的宁夏回族自治区，依托银川的"中阿经济论坛"，极大地带动了中国与中东地区的贸易往来和文化往来，形成了新的经济增长点。这些都意味着，双边的发展已经从文化领域进入经济领域，从第三产业扩展到第二产业，对地方经济的拉动有不可估量的影响。

东盟关系是最重要的周边关系，习近平总书记明确提出了要做好邻居，要带动周边经济的发展，这意味着大三角地区要迎来由中国主导的一个经济大发展的重要机会。南宁和昆明作为大三角地区的桥头堡，有一定的地域优势，但是在前期的发展中，没有完成党中央的预定战略目标，虽然最近在紧急部署相关工作，包括申报新的新区，但是由于工业基础差，后劲不足，很难充当大任。贵州地区向来是政治高地，在完成我党几十年来重大的战略任务中都担任了重要角色，今天，贵州突飞猛进的交通建设和厚实的经济基础，说明贵州担任大三角地区的中心任务，中央是有预期的，也是有基础的。

但是在贵安新区的整体布局中，没有看到相关安排落实，比如第一步是相关国际会议会展的召开，第二步相关国际机构的常驻落户；第三步双边经济产业园的建设等。当然，大三角只是地区经济发展的引擎之一，通过系统学习习近平总书记的系列讲话，对地区经济发展的方向的确会有更多领悟，建议下一步要展开深入研究。

（二）关于学习习近平总书记讲话的重要体会：习近平总书记的非常务实的工作方法

2013 年 10 月下旬习近平总书记对湘西进行考察，湘西和贵州的情况非常相像，生态资源丰富、少数民族多、经济发展相对落后。习近平总书记当时提出了重要几点：

（1）要实事求是地发展；

（2）要结合当地经济寻找突破口；

（3）要重视基层干部的意见。

第一点其实是对跨越式发展的批评（包括对用"新区"方式强力拉动地区经济的方式的反思）；第二点是对近年流行的大力招商、承接产业转移的经济发展方式的批评，因此我们强烈建议下一步要展开深入的地区产业研究和规划，尤其是农业、加工业等；第三点是对规划或者其他文件总是自上而下而不是自下而上的工作方法的批评。

从以上几点可以清晰看到习近平总书记对治党治国的明确思路，就是可以慢下来，但是要落实下去。"实"是一个根本的要求，落实到工作方法，干部队伍选拔，发展战略和战术等，建议以"实"为根本重新梳理一遍贵州地区的发展思路。

（三）从具体工作上来讲

我们认为，贵州的发展是有机会的，之所以我们觉得彷徨，是因为我们总在走别的新区已经走过的路，而我们又不具备那些新区的优势，这导致我们的自信心不足，也很难找到行之有效的办法。纵观全国，贵州的核心竞争力是生态优势、多民族优势和后发优势，这其实一下子就确定了其发展方向，同时也与十八大文件"文化强国""生态文明""新兴产业"高度吻合。

1. 生态战略方面

除了落实到全球生态会议这个层面，相关的工作也要深入下去，比如：

（1）生态主题的会议要增多，要系列化（联合国有多个生态主题的正式和非正式会议，欧盟、中非等都有这个主题的会议，会议要经常不断，每月一次，形成新闻联播经常报道的局面）。

（2）国际生态机构要落户，政府的或者非官方的，联合国的或其他地区组织的，与生态有关的、科研的、社会的、新闻的。

（3）展会。生态已经发展成产业链，与生态技术相关的高新产业非常受追捧，相关国际展会已经风起云涌。

（4）生态金融落实——碳排放交易已经启动，迅速落实与贵州项目的对接。这一点建议全面展开工作，这是贵州经济得以腾飞的基本杠杆。

（5）生态产业——以生态为基础的产业有多种，除了现在比较热门的高科技产业外，我们认真建议：把贵州的农业发展起来。

2. 农业方面

首先是生态产业，是与生态自然和谐共生的产业，与其他产业类别相比，农业对自然的破坏最少，与自然的关系最和谐，对生态也有修复功能。所以，站在生态的角度看农业，农业的第一功能不只是生产农产品，而是生态保护和修复，比起纯生态修复，它不光不是纯投入，还有一定的经济回报，因此，一定要站在生态修复的角度看贵州农业的意义。其次，通过学习习近平总书记在湘西考察的讲话，因地制宜地发展生产，首要的还是发展农业生产，因为，当地农民最容易学会，对农民的生产和发展最有意义，而不是通过引进工业园，农民失地即使得到了补偿也失去了可持续发展的机会。当然，这个农业肯定不是传统农业，应该是结合当地特殊的土壤气候，挖掘特色农业，进行茶、烟、酒、药、辣椒、油菜等特色农产品的生产加工。贵州省早就和中国农科院签订了战略协议，建议进一步落实工作计划。同时，启动贵州特色农产品的品牌战略，大大加强宣传力度，从而大大增加特色农产品的附加值，农业经济的回报就可以大大增加。这一点已经得到充分验证。最后，农业是健康产业的一部分，健康已经成为现代人，尤其是高端消费者的最重要消费支出，农业涉及食品消费、精神消费、旅游消费，贵州地区突出的生态优势带来的健康优势，将给地区经济带来意想不到的后发优势。综合以上，建议对贵州的特色农业及其加工业发展和品牌战略做出整体规划和部署。

3. 民族方面

多民族优势也是贵州地区的核心竞争力，相比宁夏回族自治区的单一少数民族，多民族一方面有丰富的民族文化；另一方面，社会稳定，没有更多的民族矛盾。民族问题应该是"文化强国"的重要体现，要把少数民族的文化修复、凝聚、传递，形成可依托的资源。

宁夏回族自治区正是依托回族和伊斯兰教，成功地从民间渠道打通了中国与世界战略重地——中东的关系，并且由于宗教信仰的大同，形成了比美国的美元经济更加可靠的关系，实现了党中央酝酿多年的战略目的。可见，民族事业不光是内政，还是国家战略的体现。东盟地区和大三角地区是党中央最密切关注的周边关系，民族事业可否从这个角度认识其高度？

具体发展方式还是文化和经济两个方面。少数民族文化是文化产业中最受欢迎的类别，需要创新思维，与时俱进地展开工作，既要重视文化缺失，又要与"80后""90后"的消费习惯的变化密切结合。经济方面，建议与特色农产品结合，一族一品，培育出每个民族特有的乡村农产品，依托强大的品牌宣传，后发制人，走向国际。

二　建议优先展开的工作

（1）建议展开《新形势下的地区经济发展和产业规划和项目落实计划》，通过认真学习习近平总书记系列讲话，往上要对贵州的战略重要性有清楚的认识，往下要落实到产品规划、项目规划，并有时间计划。

（2）建议展开《贵州地区和贵安新区品牌文化建设规划和实施计划》，对宣传工作全面部署。

（3）建议展开《贵州地区特色农产品产业规划和贵安新区部署计划》，把生态农业、健康农业、休闲农业作为重要的产业抓手。

第二章

"三化"研究

（第 40 期，2018 年 9 月 4 日）

新城观点： 紧紧围绕习近平总书记提出的"高端化、绿色化、集约化"（简称"三化"）总体要求，用新结构经济学方法对贵州省 2011 年到 2016 年共计 6 年的"三化"进行测算，以全国 100% 作为平均水平比较，得出贵州省高端化 35%、绿色化 115%、集约化 95% 左右，并提出现代农业、高端制造业、大数据和生态旅游重点领域的对策建议，对习近平总书记"三化"思想进行较深刻解读。

路径一：比较优势下的开放合作＋提升园区服务质量＋科技资源集聚。

路径二：比较优势下的开放合作＋传统行业技术改造＋产品质量升级战略。

关键词： "三化"思想新结构方法　量身定制　新经济策略

摘要： 这期博士微讲堂（总第 40 期）围绕习近平总书记 2015 年到贵安新区视察时提出的"高端化、绿色化、集约化"要求暨"贵州经济发展三化（高端化、绿色化、集约化）"主题，邀请了贵州大学经济学院院长王秀峰、瑞典隆德大学博士后潘彦君、发展研究中心梁盛平、贵安新区经发局王平安、大数据办副主任张金芳、绿色金融港谌贵全等同志共同探讨。

贵州大学经济学院院长王秀峰首先为大家汇报《贵州推动"三化"要求融入经济发展各领域和全过程研究》课题研究成果，分别从问题的提出与分析框架、"三化"水平测度分析、"三化"战略方案设计、重点领域过程"三化"、实现"三化"机制政策等方面进行详细介绍，与会人员围绕课题研究成果进行了热烈的交流与讨论，围绕贵州"三化"如何建设发展及如何发挥它的作用等各位专家发表了各自的意见和建议，大家都有所启发，达到了思想交流与碰撞的目的！

相关讨论

梁盛平博士：

今天有幸邀请到王院长，他给省发改委做的"三化"的这个课题已经通过了，说到"三化"，那就是贵安新区的总思想了，所以我们大家都非常感兴趣，热烈欢迎王院长来到今天的微讲堂，一起来讨论分享他的研究成果。

王秀峰博士：

很感谢今天有这样一个机会给各位汇报。这是一个课题成果。起源大概是习近平总书记在贵安新区讲话时提出来的"三化"，省里面拿到这个"三化"就在想怎么推广到贵州省，也不知道具体怎么办，因此要求发改委做了这样一个课题，这只是其中一个。由于发改委人手不够，这个课题就找到了我们，它的全称是《贵州推动"三化"要求融入经济发展各领域和全过程研究》，这里的"三化"即高端化、绿色化、集约化。拿到这个课题还是比较头疼的，因为这个题目很大，于是我们就组织了省委党校与贵大18个人来讨论，最后完成了这个项目。这个项目已经完成，我现在把基本的东西给大家做一个介绍。

基本的东西我们分成五个部分来介绍：第一是为什么会提出这样的问题，我们的分析框架是什么样的；第二既然是"三化"，我们就要对贵州"三化"的水平做一个测度，现在我们的"三化"到底怎么样，就是高端化达到什么水平，绿色化达到什么水平，集约化达到什么水平，相对于全国来说达到什么水平，还包括水平的测度分析；第三是根据分析的结果，然后结合贵州省发展的情况，怎么来实现"三化"方案的设计；第四方面就是总体方案出来以后，还要有一个重点领域及重点过程，"三化"要贯穿其中，我们选了几个比如旅游业、制造业、农业等重点领域；第五就是实现"三化"的机制和政策。

　　第一方面来看一下研究背景及问题的提出。关于问题的提出刚才我们提到一点，从国家来看：中国经济已从充分发挥政府宏观调控作用、市场基础作用，依托要素投入快速增加，实现规模迅速扩张的粗放型、高速发展阶段进入一个崭新的高质量发展阶段。经济中高速发展已成为一种新常态，创新已成为新动能、主战略，产业结构转型升级已成为主攻方向，资源配置中市场起决定性作用已成为必然选择，高质量发展已成为战略目标与不二追求。从贵州省来看：贵州省由于发展的起点低，面临既要赶、又要转的艰难境况，因此如何发挥贵州省生态环境等比较优势，充分利用信息技术等现代科技的第一生产力作用，有效整合外部资源，实现贵州经济高端化、绿色化、集约化发展，走出一条不同于东部，有别于西部其他省份的高质量发展新路，既是习近平总书记和党中央对贵州发展的要求，也是贵州干部群众的追求。所以像这样的情况，就是问题的提出。那为什么研究这样一个题目呢，除了落实习近平总书记讲话的精神以外，我们研究的目的一是为打造全省战略支撑和重要增长极夯实坚实的理论基础；二是为贵州实现后发赶超，实现经济可持续、高效率发展提供理论支撑；三是科学判断贵州"三化"水平与融入各领域的情况，选择"三化"发展战略、实现路径以及具体落实各领域的措施；四是为实现贵州省产业转型升级、提质增效及高质量发展提供战略理念、思维和方向。

　　从研究意义上来看：一是贯彻落实中央"高质量发展"决策部署的需要；二是促进贵州省在经济发展与生态环境、产业结构、产业布局等方面资源的最优化、合理配置；三是为贵州省委省政府提供决策参考，切实发挥省内比较优势，为经济高速增长、后发赶超提供理论指导和决策参考，促进贵州经济可持续快速增长，实现贵州经济高端化、绿色化、集约化发展，走出一条不同于东部，有别于西部其他省份的高质量发展新路。意义这里我就不多说了，那么从分析框架，整个课题可以分为："三化"融入经济发展理论分析框架、"三化"融入贵州经济发展测度分析、贵州"三化"融入经济发展总体战略、贵州"三化"融入经济发展实现机制。整个大的分析框架，大概由这四个部分组成，这是经过很多次修改，与发改委讨论觉得可以之后才拿回来实施的。从理论探讨来看，首先要搞清楚"三化"与经济发展的关系，经济发展"三化"的目标追求是实现经济高质量、高效率发展。"三化"强调的重点不同，体现的内容各异，并共同构建起了高质量发展的路径保障的有机系统。高端化强调的是经济发展的高技术化、高附加值化、特色差异化和产业结构软化。绿色化强调的是经济发展与自然环境、生态建设的协同性，经济发展过程的清洁性和循环性，追求可持续性，获取协同效果，实现环境友好型发展。集约化强调的是经济发展中增加无限资源含量，如：技术、信息、管理等；集中有效或节约投入有限资源，如：土地、资金、劳动力等，提高资源利用率，实现资源节约型发展。总体来说就是环境友好型发展和资源节约型发展，这就是三者之间的关系。

第二方面从测度分析来看。第一步：构建测度指标体系；第二步：构建综合测度模型；第三步：测度结果对比分析，测度大概的思路就是这样。测度模型：

$$高质量发展水平 = \sqrt[3]{高端化水平 \times 绿色化水平 \times 集约化水平}$$

这样的论证是初步探索，相当于什么是高质量发展，高质量发展和"三化"是什么关系，实际上就是等同的关系。当指标数据大于 100 时，则贵州高质量发展水平高于全国平均水平，小于 100 时则低于全国平均水平。根据这些，我们计算出了"三化"水平测度结果见表 2-1。

从 2011 年到 2016 年，我们用了这几年，先看看高端化的综合分值，如果全国平均水平是 100，那么贵州省才是 34.42，后面还有点浮动，2016

表 2-1　2011~2016 "三化" 水平测度结果

年份	高端化综合	绿色化综合	集约化综合	高质量得分 （几何平均数）	高质量得分 （算数平均数）
2011	34.42	124.41	99.52	75.26	86.12
2012	35.61	113.74	107.98	75.90	85.78
2013	31.84	112.84	104.66	72.18	83.11
2014	32.47	109.03	98.67	70.43	80.06
2015	28.78	108.07	100.65	67.90	79.17
2016	31.44	106.56	98.50	69.11	78.84

年才是 31.44，比 2015 年好一点，所以高端化这块是差得一塌糊涂；然后是绿色化，贵州在绿色化这一块还可以，全都超过全国平均水平，还有一些指标，当然我们选的指标还有调整的空间，但是指标总体是反映这个水平的，所以我们回去还要加工一下；集约化大概就在全国平均水平左右，有一些波动，所以说高质量发展有两个平均数：一个是算术平均数，一个是几何平均数。几何平均数可能更真实一些，更能够反映贵州的情况。高端化、绿色化、集约化是高质量发展的实现路径，核心都在于技术进步推动高端化、绿色化与集约化发展，根据测算结果得到四点结论：第一，高端化水平仍然比较低。只相当于全国平均水平的三分之一。在全国各省市转型升级的竞争下，产业升级转型的压力依然较大，实现高质量发展任重道远。第二，绿色化水平高于全国平均水平，但竞争优势却呈现下降的态势。贵州必须充分把握其优势，但又必须充分认识到全国绿色发展不断深化的过程中面临的挑战，力争保持大生态战略的比较优势。第三，集约化水平略低于全国平均水平，有一定的波动。贵州必须力争超越全国平均水平，才能提升贵州高质量发展水平。第四，从几何平均数来看，高质量发展水平约为 70 分，与全国平均水平仍有 30 分的差距；从算术平均数来看，高质量发展水平约为 80 分，与全国平均水平仍有 20 分的差距。

第三方面就是"三化"战略方案设计。指导思想：以习近平新时代中国特色社会主义思想为指导，贯彻新发展理念，紧紧围绕贵州省"大扶贫、大数据、大生态"三大战略行动，坚持"两加一推"主基调，坚守发展和生态两条底线；充分发挥资源环境优越、经济发展态势良好、基础设施先行等后发优势；通过高端人才队伍建设、高端技术引用、应用、转换，全面、高强度改造传统产业，大力发展高新技术产业，实现传统产业高新化、高新技术产业规模化；通过严防死守生态底线，加强生态文明建设和良好的体制机制等，推动"高端化、绿色化、集约化"要求融入新时代贵州经济发展各领域和全过程，着力提升发展的质量和效益，走出一条不同于东部，有别于西部其他省份的，百姓富、生态美的多彩贵州高质量发展新路。高端化的总体思路：首先是生产生活服务业向中心区集聚，旅游业向区域展开；其次是制造业向集聚区集中；最后是农业向山地特色高效化与旅游业协同发展推进。重点任务是：要素高级化、业态高效化、技术高端化、产业高阶化、产品高档化和组织高强化。绿色化的总体思路：首先是加强生态存量治理，解决好现有环境污染问题；其次是全民共抓生态大保护，防范生态问题增量产生；最后是加强生态环境建设力度，全力提高环境质量与生态承载力。集约化的总体思路：首先是优化产业结构与产业布局；其次是加强产业园区建设，通过基础设施配套升级，提升产业园区质量，充分发挥园区功能作用，实现产业集聚、集群发展；最后是推进各产业之间、产业内部协同发展，提高资源共享水平，充分发挥资源多功能作用，降低单位产品资源、要素等生产成本。战略总体目标：根据党的十九大报告要求到 2035 年基本实现社会主义现代化，贵州推进"三化"融入经济发展，到 2035 年达到全国平均水平，具体分成三个阶段。第一阶段，到 2020 年加大改革力度，绿色化达到全国平均水平的 120 分，集约化达到全国平均水平的 100 分，高端化达到全国平均水平的 40 分，高质量水平达到全国平均水平的 80 分（几何平均数），扭转贵州"三化"在全国排名下降的趋势；第二阶段，到 2025 年，依托贵州的比较优势，以《中国制造 2025》为发展指南，绿色化达到全国平均水平的 125 分，集约化达到全国平均水平的 115 分，高端化达到全国平均水平的 50 分，高质量水平达到全国平均水平的 90 分（几何平均数）；第三阶段，到 2035 年，积累贵州创新要素，以初步现代化为蓝图，绿色化达到全国平均水平的 130 分，集约化达到全国平均水平的 120 分，高端化达到全国平均水平的 70 分，高质量水平达到全国平均水平的 100 分（几何平均数）；三个阶段大概是这样。接下来为实现这样一种目标，我们的战略模式选择有几个组成部分：政府引导、企业主体、社会参与、要素保证、机制保障五点。

第四方面是重点领域过程"三化"怎么做。一是"三化"融入山地特色农业。改造传统农业，提升农业生产的技术密度、延伸农业产业链，提升一、二、三产业的融合度，构建便捷的农产品流通体系，提升农产品产销的衔接度、促进农业发展生态化，提升农业的绿色度、走好山地特色高效农业发展新路。二是"三化"融入现代制造业。以消费升级为导向，推动特色轻工业提质增效、以集群为主攻方向，推动装备制造业高质量发展、以转型升级为抓手，推动传统产业勃发新生机、强投入建体系增含量，加快工业"三化"进程。三是"三化"融入大数据产业。推动实体经济数字化转型，构建大数据融入产业的应用系统、优化产业空间布局，发挥大数据产业集聚效应、立足资源节约和生态保护，促进大数据产业绿色发展、引进和培养两手抓，加大人才队伍建设力度、健全大数据安全防护体系，持续提升大数据安全保障能力。四是"三化"融入山地旅游业。强化基础设施配套升级，加快全域旅游发展进程、推进文旅加速融合，增强旅游目的地独特吸引力、推进旅游业质量效益加速跃升，增强旅游产业市场竞争力、促进旅游可持续发展，使旅游活动有持久的生命力。

第五方面是实现"三化"机制和政策建议。"三化"融入经济发展的内生逻辑机制和产业转型升级的内生机制，这两大块我们实际上用的是新结构经济学的一些概念，要搞清楚"三化"之间的逻辑关系，就是从新结构经济学这块把它搞清楚，我觉得现在做成这个样子基本上是清晰的了，还可以进一步推导完善。关于贵州"三化"融入经济发展的实现有两个路径。路径一：比较优势下的开放合作＋提升园区服务质量＋科技资源集聚。该路径主要针对以大数据为代表的战略性新兴产业。尽管贵州在大力发展战略性新兴产业，但是不能回避科技资源严重短缺的客观事实、不能违背科技资源流动与积累的规律。认清战略性新兴产业贵州的比较优势，实现开放合作，提升园区服务质量，加速科技资源集聚贵州，才能避免盲目赶超。路径二：比较优势下的开放合作＋传统行业技术改造＋产品质量升级战略。该路径主要针对贵州已经具备相当规模的产业，通过与外部合作的"干中学"，充分发挥后发优势，实现技术引进，提升产品质量。

最后是"三化"融入经济发展的主要政策建议：诊断要素禀赋，找准贵州"三化"的比较优势；完善科技信息，找准科技创新资源支持政策；完善开放机制，积极整合域外创新优质要素；政府因势利导，加快推进创新驱动战略落地；丰富金融结构，提供"三化"发展资金保障；构建三化平台，促进"三化"融入经济发展。整个课题研究我们做了九十多页，今天只是浓缩起来给大家介绍一下，大概就是这样，谢谢大家。

梁盛平博士：

非常感谢王院长的分享，我看大家都听得很认真，信息量太大了记都记不过来。这里我介绍一下背景，有些老师可能不清楚情况。2015 年 6 月

17 日，习近平总书记来到贵安新区视察时提出：贵安新区的规划建设务必要精心谋划，精心打造，坚持高端化、绿色化、集约化，不能降格以求。我们把它简称为"两精三化一不"，上升到省里面的要求，核心是"三化"。在贵安新区他提到这三点指示要求也是对贵州省和西部的一个殷切希望，省发改委非常重视这个课题，委托王秀峰院长率领团队来做这个课题研究，应该说这也是贵安新区一直在推的一个课题。所以刚才我们听了一下，站在省一级的高度谈"三化"，实际上很多都是对贵安新区的勉励和鞭策，我就补充这一点，抛一下砖，我觉得今天学习到了很多。再说一点期待，王院长这一套实际上可以用在贵安新区，因为这个"三化"针对贵安新区，当然也是针对整个贵州，但如果放在贵安新区，一个相当规模的研究模块已经有了。新区领导天天在讲增长极，而增长极的支撑就是"三化"，但是"三化"怎么做确实还有点模糊，现在一直都没有完全破题，所以围绕贵安新区，王院长能不能推进这件事情。其他意见没有，就是期待把理论研究融合到贵安新区，检验你那些理论体系模块和计算方式，进一步夯实课题研究。

潘彦君博士：

谢谢王院长的报告分享，因为我是学人类学的，所以对数据方面我很少涉猎，特别像新结构经济学那些理论我知道得很少，您刚刚报告里有一个测度模型在计算高质量发展，我想请问一下以高端水平来讲，是怎么去计算出它那个水平值的。简单来说就是三化水平是怎么算出来的。

王秀峰博士：

这个涉及数学，有一个具体的数学计算方法，我在这里可能解释得不太清楚。它首先是根据你的思想，然后根据指标，比如说"高端化"，现实的数据是和哪一项直接相关，劳动生产率，与哪个指标体系直接相关，然后分开计算三个方面，乘起来再开三次方，开三次方就是一个综合的平均水平，但是这个过程本身是一个理论的推导过程，是理论性的。这里面包含了很多新结构经济学的计算模式，我有一个团队专门在做这个测算，后期还会深入测算。

杨秀伦：

我个人感觉学术研究跟实际有些时候确确实实差异还是很大的，所以我觉得可以把怎么计算出的结果、怎么叠加的指标列出来，这样理解起来会比较清晰。

王平安：

今天的报告虽然时间很短，但是信息量很大，我也是第一次到生态创新园这里来，生态创新园闹中取静，确实是个好地方，而且我们这个微讲堂确实体现了高端，真的很有意思。大家说的很多东西也正是我们心里面在思考的，刚刚梁主任也说了一个背景，实际上我到新区时间早，现在从新区这几年的发展来看，之前尽管我们没提"三化"，习近平总书记到这边视察之后，提了几点要求，但实际上我们从开始就已经想往这个方向走了，我就感觉这个方向走起来任重道远。今天听了大家的发言，我感觉有一个核心不知道理解得对不对，无论是"三化"也好，产业也好，还有民生发展也好，这些东西其实从资源匹配的角度，我理解的关键是如何把它配置得更高效，我们刚刚讨论的这些东西，它为什么不高效？其实和我们的体制机制、运作模式有很大的关系。非常高兴王院长说今天这个报告能够留下来供我们进一步研读，梁主任也讲出了我们的期待，作为新区的干部，真的希望王院长的这个研究既能够指导全省层面的三化工作，又立足于新结构经济学的"三化"研究理论分析把贵安新区作为一个样本案例来解剖，这其中有两方面的意义：一是增长极，实际上贵州省委省政府，从成立新区之初比较看中新区这片土地，那么从领导人层面来讲，他对这片土地提出来"三化"的要求，也希望看到新区在"三化"的探索上，做出一系例成果。如果王院长这套理论体系能从贵安走出去，扩大到贵州，再走向全国，我个人觉得会更加有意义，真的期待这套理论能够以贵安为案例落地生根，这就是我想表达的第一个想法；第二个想法就是产业规划都在经发局这里，相关领导也提了很多要求，我们务虚的也在做，务实的也在做，产业也在做，招商也在做，实际上核心还是希望能够在新区这片土地上实现集约、高效、高质量的开发建设和利用，这是我们一直在做的工作，但是现在我就感觉缺少一个东西，我们前期搞了大量的研究，但真正像今天这么耳目一新的报告我还是第一次听见，既有图表，也有案例和数字，更有逻辑推演，像这种我觉得贵安在产业招商和规划时可以应用一下，以提供大量的支撑，也算是一个实践的探索和验证，我觉得新区很需要这个东西，也期待王院长能一如既往的给我们新区包括经发局以支持，然后给新区留下更多的理论实践成果，就说这么两个感受，谢谢！

谌贵全：

刚刚听了王院长的报告，我觉得对我们来说非常有意义，我从绿色金融的角度谈一下我的感受。我们下一步的工作里面，绿色金融方面最重要的一个就是接受人民银行和七部委的验收，那么在这个验收工作中我觉得最重要的一个问题就是绿色项目的评价体系和项目库的建设，刚刚听院长报告时，我也和潘老师产生了共鸣，就是"三化"的评价指数，在我们的项目体系建设里面也会用各种各样的指标去对项目进行评价，考虑如何给它贴上绿色的标签，那么从这个角度来说，我们现在遇到的比较大的一个问题就是新区的项目非常多，但是项目和产业如何去结合，如何让它完全达到绿色的角度，结合"三化"的这个主战略，我们绿色项目主要是绿色化来考量，所以刚刚听了院长的介绍之后我觉得很受启发，在下一步工作里可能也需要王院长和梁主任与我们经常一起来沟通一下对贵安新区建设绿色金融试验区这块的工作，能够给我们多一点的启发和思路，把这项工作做好，谢谢！

梁盛平博士：

贵全讲的这个是我们绿金港委托中诚信在做的绿色标准，主要通过绿色标准推进绿色项目库的建设。依托绿色金融港，我们新区领导提出打造"两端五体一库"绿色金融格局，作为我们绿色金融港的核心工作在推，有很大的挑战性。我觉得如果正儿八经对贵安新区把脉，绿色金融还不只是绿色化，因为它本身就是绿色的项目，同时还能促进高端化，推动集约化，它又是金融，并且还是绿色金融，而金融本身就是一个产业，所以在研究贵安新区的时候还可以更精准一些。因为现在立足于省级层面，到了贵安新区有 11 项国家级的试点改革，有些工作已经推得不错了，那么就能更精准，所以我觉得它作为案例模块还有直接套用的价值，省级层面是大政策。实践操作的话，如果把贵安新区整套体系整理出来，还是说你那个方法不用去改变，分析比较优势、要素、量化、计算模式都一样，整理出来其他国家级新区都会需要的，这样可复制性更强。我理解的也不深，但是觉得在案例这块可以深挖一下。好，今天就先到这里，谢谢大家抽空过来支持，感谢诸位！

第三章

贵州省绿色文件

落实《中共贵州省委贵州省人民政府关于推动绿色发展
建设生态文明的意见》的思考
（第 18 期，2016 年 9 月 17 日）

新城观点：国家和省级层面生态文明建设顶层设计已经出台，关键在于落实，要尽快制定相关配套文件，尽快出台相关措施。贵安新区在全力打造贵州国家级生态文明试验区中，可以在绿色金融、绿色社区、绿色文化、绿色法治、绿色产业、绿色城乡等绿色标准体系和示范先行领域大有作为。贵安生态文明国际研究院应抓紧行动，梳理相关重点和关键研究项目，尽快组织研究。

提出重要文件本身要一以贯之，要注重保障执行，配套文件重在落实，坚持扎实的工作作风、告别以文件传文件以及套话的新形式主义。

关键词：体制机制改革　贵州试验区　绿色发展　贯彻落实

摘要：2016 年 8 月，中共中央办公厅、国务院办公厅印发了《关于设立统一规范的国家生态文明试验区的意见》，明确提出，选择生态基础较好、环境资源承载能力较强的福建省、江西省和贵州省作为试验区。2016年 8 月，中共贵州省委第十一届七次全会召开，全会认为，中央将贵州作为首批国家生态文明试验区之一，标志着贵州生态文明建设站在了新的历史起点。会议通过《中共贵州省委贵州省人民政府关于推动绿色发展建设生态文明的意见》（以下简称《意见》），提出了贵州推进绿色发展生态文明建设的五大战略任务："发展绿色经济""打造绿色家园""完善绿色制

度""筑牢绿色屏障""培育绿色文化"。国家和贵州绿色发展的顶层设计
已经出台，关键在于如何有效落实。就贵安新区而言，是如何在贵州国家
级生态文明建设试验区中发挥积极作用。

本次论坛堂主潘善斌博士结合自己参与省生态文明法治建设的经历，
提出贵州生态文明法治体系完善的重点和路径；龙希成博士重点就省出台
的《意见》及下一步落实的问题提出了自己独特的见解；梁盛平博士在贵
安新区生态文明体制机制创新方面提出了自己的看法；颜春龙博士从宏观
上围绕生态文明试验区，就贵州省、贵安新区、贵安新区生态文明国际研究
院下一步的重点工作提出了若干思考性问题；朱军博士从自己本职工作角
度重点谈了绿色社区及其标准建设的建议；颜红霞博士认为，打造国家级
生态文明试验区需要调动全省各界科学研究力量共同参与研究。

相关讨论

潘善斌博士：

回顾近十年来，国家在推进生态文明建设方面，的确是下了大力气。党
的十八大把生态文明建设放在十分突出的地位，形成了经济建设、政治建
设、文化建设、社会建设、生态文明建设五位一体的中国特色社会主义事业
总布局。十八届三中全会提出生态文明建设必须用制度来保证的要求。十八
届五中全会为"十三五"时期经济社会发展定调的五大理念：创新、协调、
绿色、开放和共享。2015 年 4 月，《中共中央国务院关于加快推进生态文明
建设的意见》出台；2015 年 9 月，中共中央、国务院印发了《生态文明体
制改革总体方案》；2016 年 8 月，中共中央办公厅、国务院办公厅印发了《关
于设立统一规范的国家生态文明试验区的意见》。从中央会议精神和政策走
向的轨迹可以看出：一是生态文明建设的任务越来越紧迫；二是生态文明建
设的地位越来越突出；三是生态文明建设越来越规范；四是生态文明建设体
制改革日益进入深水区。我们注意到，过去围绕生态文明建设，国家许多部
委都出台了相关"生态文明建设先行区""生态文明建设示范区"等规划和
文件。与以往不同，这次是由中共中央办公厅、国务院办公厅直接下文并明
文确定为"国家生态文明试验区"，分别选择在生态文明建设条件较好且具

有区域代表性的福建、江西、贵州三个省份进行生态文明建设试验。对贵州而言，这是新中国成立后在贵州设立的三个国家级试验区之一。这个文件的出台，不仅是对贵州近年来生态文明建设成就的充分肯定，也是对贵州生态文明建设能力、创新能力的充分信任。正是在这一背景下，中共贵州省委及时出台《中共贵州省委贵州省人民政府关于推动绿色发展建设生态文明的意见》。《意见》就推动绿色发展建设生态文明重大意义和目标要求、发展绿色经济、打造绿色家园、完善绿色制度、筑牢绿色屏障、培育绿色文化及加强组织领导等方面的内容都一一做出规定。

我有以下五点基本认识：

一是这些年来，贵州在生态文明建设的理论探索、立法实践和建设行动等方面的确走在全国的前列，与"生态文明建设先行示范区"这一称号基本吻合，为西部欠发达地区走出一条生态友好、资源节约、经济增长、社会发展、生活改善的示范道路。

二是贵州在生态文明建设制度创新能力方面还有待进一步提升。尽管我们有全国第一个省会城市的生态文明建设条例、全国第一个省级层面的生态文明立法，但在生态文明建设制度创新方面的亮点不多，除了像"河长制""生态环保法庭"等能够在全国有较大示范和推广价值的制度创新之外，其他生态文明建设体制机制创新重要领域的贡献不多。

三是贵州在进行生态文明建设制度设计理念方面存在脱离本土实际的问题。比如，在"垃圾处理"问题上，基础设施、技术能力、资本实力、文化基因、市民素质等是我们设计城市和农村垃圾处理制度的制约性要素。在这方面，我们一定要立足于城市和农村垃圾处理的文化、技术、资金、素质等方面的实际来出台规范，而不是盲目地追求与"北上广"平起平坐，应该立足于欠发达地区实际，为西部地区城市和农村垃圾处理制度设计和实施路径积经验、树典范、探路子。

四是贵州在生态文明建设实施能力、执行能力和建设效果方面还不尽如人意。如近年来，贵阳市的交通拥堵、噪声污染重、城市规划乱、市民卫生素质差、基层社区服务能力低等诸多问题为外界所诟病。同时，也缺乏生态文明建设效果评价机制。所以，给外界的感觉就是"理论上的巨人、形象上的矮子"。

五是贵州尚未建立起真正的问责机制、信息公开机制和公众参与机制。作为《贵州省生态文明建设促进条例》起草的主要成员之一，我在《条例》起草过程中，曾多次和省人大环资委、省人大法工委、省人大法制委多次交流、沟通过这个问题。我的一个基本判断是，现阶段，如果没有一个实实在在且强有力的问责机制、信息公开机制和公众参与机制，目标、路径、举措设计得再好，最后也会落空。尽管我们现在有这方面的一些规定，但鲜见地方政府及官员因生态文明建设不力而真正受到责任追究的个案，也未见地方政府在年度绩效考核中因环境保护不力而被"一票否决"的报道。

根据以上分析，个人认为应从立法入手刚性推进。首先是法规清理。研究并全面清理我省地方性法规、政府规章和规范性文件中不符合推动绿色发展、建设生态文明的内容。然后修订法规。重点开展《贵州省生态文明建设促进条例》等法规的修订工作，最后制定法规。围绕"山""水""林""田""湖""天"等重点领域，"生产""流通"和"消费"等重点环节，以对生态文明建设负有义务的政府、企业、社会、个人等为责任主体，在全面清理现有生态文明建设法规基础上，结合促进生态文明建设中的难点和关键性问题，研究制定若干重要法规。如：城市供水和节约用水、城市排水、园林绿化和农村白色垃圾、限制过量使用化肥农药、畜禽养殖污染防治等方面的地方性法规，以及循环经济发展促进条例、生态补偿条例、生态文明教育条例等。

龙希成博士：

学习了《中共贵州省委贵州省人民政府关于推动绿色发展建设生态文明的意见》之后，我想从三个方面谈谈我的想法。

第一是对文件整体的看法。我也起草过这样的文件，起草时应当有一个概念，就是你不是领导全省在做一件事情，但是这个项目中有一部分属于公共的部分，一部分属于社会主体的部分。对于社会主体的部分，公共服务主要体现在公共产业上，在这一点我们有些地方说得不太合适，所以要分清公私。

第二是罗列生态文明建设任务的时候，文件提了很多美丽的词语，且其范围也是面面俱到。我觉得搞生态文明建设，应该重点对贵州省已有的与生态文明相关的事项，比如说绿色经济、绿色家园、绿色建筑、绿色交通等应该有沙盘，对沙盘有一个清晰的概念。我觉得现在起草的文件不是这样的。举个例子，省里搞一个文化发展，它组建了一个很好的文化企业，但是找不到人，它先是临时找人，其实这个是很不对的，因为事情是人做出来的。所以应该是先有人后有事，而这个文件体现的是先有事后有人，所以我想任何一个文件的起草应该对现状有一个沙盘、一个估计。

第三是文件规定任务太多。它想做的事情、事项太多，但是最后一项保障措施只是提了一下，就是"领导体制、考核问责、舆论监督、协同落实"，这四块相对前面来说太单薄了。从文件来看，好像后面的落实都是政府落实，其实政府部门干的事情太多了，生态文明最主要的还是社会来干。

总之，省里起草文件应该区分公共领域和私人领域，应该聚焦于公共领域。文件应当对现状有非常清晰的估计，我们的目的是在已有的现状基础来发展；文件现在立了很多关键的任务，对这个任务的落实，完成这个任务的保障和举措太单薄，而且它主要是落实在政府部门，政府部门承担太多的责任，导致其可能性的办法就是，上级来检查、考核，我就应付你，你不断地检查，我就不断地做材料，这是我对政府文件起草的一个看法。那么我接下来谈对绿色发展建设生态文明的认识。

比如，产业是做绿色经济的，我觉得应该有个指南，总的要求是，不管发展什么经济，都要符合绿色要求，那么就可以提出一个绿色的指标，就是说你这一类，我是鼓励你的，你那一类，我是禁止你的。实际上，我们国家现在也在做这方面的工作。比如说落后产能的淘汰，就是对不符合绿色发展的经济主体行为进行限制，进而就需淘汰，所以有一个简洁的指标之后，无论是考核还是社会对你的识别都不太复杂了。如果只有产业，就容易把重点放在政府想干什么上，而不是政府创造一个公共的环境，使企业家和技能人才有环境和机会更好地发展自己，发展符合绿色指标体系指南的产业和企业，我们应该把重点放在这里，而不是弄这么多产业的罗列。那么现在我们看出，在开放经济试验区的文件里面，包括 G20 杭州峰会里，提出了一个很重要的概念——"营商环境"，现在我们和企业家交流时就发现"营商环境"很不好，那就是我们把这个重点忽略了。

我现在有个观点，就是说你现在发展什么，就是什么，有时你得拐个弯。举个例子，毛泽东要长征要夺取政权，从城市里夺取政权要拐到农村。企业也是，你想把产业做好，首先你的基础设施要做好，这是政府的重点，是第一个。第二个是，美丽乡村建设的问题。2016 年 8 月，习近平总书记到青海去重点考察青海的生态建设方面，他提出"美丽城乡"是从过去我们的"美丽乡村"发展而来的，我觉得应该把这个概念突出出来。那么搞城镇化建设，我觉得要做到以下几点：一是大城市建设，也称为资源集聚区，就是大城市建设过程会对周边发展有强烈的冲击，如贵阳和金阳，把两个地方连做城市发展一体化；二是绿色交通工程，重视交通对城市发展的重要性；三是市政工程要民主化、阳光化；四是绿色家园，开发商、物业管理、居委会等相关机构都是建设绿色家园的主体，管理绿色家园，做到人与人的和谐，人与自然的和谐，人与小区的和谐，人车分流；五是引导社会组织的发展，让其发挥好倡导功能和监督功能，发挥民间第三方的作用，确保社会组织在政治方面的良性发展。

梁盛平博士：

有人估算现在资源约 80% 都在政府那里，包括各种资源的调动。有一个数据，2015 年 9 月英国《经济学人》对中国新兴城市报告，贵阳排名第一，这个排名中有经济指标、活力指标等。而包括我们在座各位在内的普通老百姓的感受却不是这样。我在想对于贵州生态文明这个试验区，我们贵安新区能做点什么事，就是贵安新区这边呼应什么内容。我这里也有几个信息可以进行交流。第一，本月底，贵安新区就要启动生态文明先行示范区动员大会，到时欢迎大家来参加。第二，如何落实的问题。新区将围绕实施这个文件出台很多配套文件。大家现在关注的焦点集中在配套文件上。担心落实上出现从文件到文件走过场的问题。研究者、社会公众注意到，过去很多时候，政府下发的文件规定和要求往往大部分未落实，或来不及落实又有新的文件等，这实际上是文件的顶层设计与文件的系统性的问题。因此，省里面生态文明意见出台了，相关实施的配套文件如何，就是问题的关键。

就贵安新区而言，如何贯彻落实省里面的文件，如何在全省绿色发展建设生态文明试验区先行示范里谋得首席之地，可以在哪些方面争取到省里面的支持，将若干试验项目放到新区来，这是我们现在要讨论和研究的重点。我想，贵安新区完全可以在一些领域创新、试验。首先我们要进行全面的梳理，贵安新区在全省生态文明建设和绿色发展试验区建设中的基础条件、试验优势在哪里，可行性的亮点在哪里，在全省建设生态文明试验区大框架中，我们能做哪些试验性项目，这些都要好好研究。当然，这些试验性的制度创新要在全省乃至全国范围内具有全局性、示范性、可复制性和可推广性。现在，省里面文件明确了"大力支持贵安新区绿色金融创新与发展，支持贵安新区大力开展生态文明建设和绿色发展创新性研究等"，那么，在其他领域中，贵安新区能否勇挑重担，勇于创新呢？我认为，还有一些领域，比如，在大数据与绿色发展这一块，我们就有一定的优势，以大数据中心的方式来引导生态文明建设和绿色发展，贵安新区应该大有作为。再比如，在绿色大学城、绿色社区、绿色法治、绿色文化、绿色旅游、绿色建筑、绿色交通、绿色能源、绿色食品安全、绿色城乡统筹等绿色标准方面，贵安新区应该都有争取到先行先试的基础和可能。

颜春龙博士：

省里面的文件规定得很好，接下来，我们要重点围绕几个问题展开研究。一是中央设立国家生态文明试验区，主要任务是什么，到底想分别从福建、江西、贵州试验区进行试验后得到什么，贵州到底能在哪些制度创新方面为国家层面上提供案例，二是我们贵安新区生态文明国际研究院能做什么，怎么做的问题。

梁盛平博士：

中央文件中确定贵州为生态文明建设试验区，一方面要求贵州积极探索西部地区如何建设好生态文明的路子；另一方面重点在于探索出一系列生态文明建设制度体系，并能够在全国进行复制、推广。不管是从理论还是从实践上，都需要我们首先破题，贵安新区生态文明国际研究院应该有所为。

朱军博士：

在这方面，我们职能部门可以提供工作领域生态文明建设的实际材料和问题，比如，在绿色社区建设尤其是贵安新区绿色社区标准制定方面，我们都可以积极参与。

颜红霞博士：

今天是第一次参加这样高级别的博士论坛，很受启发。我觉得，现在中央和省里面都已出台了顶层设计的文件，提出了生态文明建设的总体目标和具体要求，接下来主要的任务就是如何落实的问题，这也是我们从事研究工作者义不容辞的责任和使命。打造贵州国家级生态文明试验区，需要调动全省各界科学研究力量共同加以研究。

潘善斌博士：

好，今天我们围绕"基于贵安新区落实《中共贵州省委贵州省人民政府关于推动绿色发展建设生态文明的意见》的思考"主题进行了热烈的讨论，大家的发言主要集中在两个层面上，一是贵州省生态文明建设顶层设计与落实问题，另一个是，聚焦贵安新区在省级生态文明建设试验区大盘子、大框架中的地位和作用。大家谈得都很好，当然，这是一个很大的课题，需要我们持久性关注和不懈地研究。最后，我把本次论坛形成的共识和主要建议归纳一下。

主要建议

一、国家和省级层面生态文明建设顶层设计已经出台，关键在于落实，要尽快制定相关配套文件，尽快出台相关措施。

二、贵安新区在全力打造贵州国家级生态文明试验区中，可以在绿色金融、绿色社区、绿色文化、绿色法治、绿色产业、绿色城乡统筹等绿色标准体系和示范先行领域大有作为。

三、贵安生态文明国际研究院应抓紧行动，梳理相关重点和关键研究项目，尽快组织研究。

第四章

国家级新区与省会城市环境治理

《贵州清水河流域水环境综合治理实施方案》的讨论

（第 31 期，2017 年 7 月 8 日）

新城观点： 国家级新区作为区域发展的新引擎，如何与省会城市既有增长极协同发展，生态环境联防联治，还是生态建设联建共享？尤其是白手起家且是贵阳水源上游的贵安新区与存量发展最好的贵阳市进行"五联十同"联动发展，围绕共同的清水河流域进行大生态协同治理与发展，具有典型性和示范性，也获得了国家发改委的项目奖励。

贵安新区一开始就是区域全面发展的典范，如果说观山湖新区是城市 2.0 的话，贵安新区就是城市 4.0，是生态智慧新兴城市，是西部山地现代化新型城市。

关键词： 清水河流域　生态环境　综合治理　联建共享　生态补偿

摘要： 国家级新区跨界绿色发展微讲堂总第 31 期顺利在贵安生态文明国际研究院完成，围绕中国电建集团项目负责人陈栋为博士分享的《贵州清水河流域水环境综合治理实施方案》，大家从区域生态经济、企业化运营 PPP 模式、政策措施、问题导向、产业发展、部门统筹、扩大研究范围、策略技术路径等方面进行了热烈的讨论，并与省社科院就"新区发展报告蓝皮书"研究团队进行了沟通。推进生态研究院合作方面：贵州大学经济学院王院长建议把其院里的"山地特色城镇研究中心"加挂到研究院，并派相关研究团队入驻（作为硕士研究生实习基地），围绕项目进行研究合作；省社科院罗所长建议社科院及"贵安新区发展报告"课题组入驻研究院，切实推进有关研究工作；普林鑫泰生态公司初步愿意与生态研究院合作，提供必要的企业支持；中国区域科学协会也愿意以合适的方式在生态研究院加挂"中国区域科学协会生态文明研究专业委员会"的国家级研究平台，以及原来与英国 BRE 和清控人居的合作，初步形成研究院以项目为抓手，紧紧与国内外研究合作和成果推广合作为导向的合作服务平台，目前与省内外研究平台有了初步合作，下一步除了加大与国内外研究机构合作外，还要与贵安新区开投公司等国有及民营公司在项目研究委托和成果应用方面的强力合作！

相关讨论

陈栋为博士：

感谢各位领导及各位博士，感谢大家在百忙之中来了解我们的项目，对项目提出宝贵的意见和建议，首先，我对项目做一个简要的介绍：全面贯彻党的十八大和十八届三中、四中、五中、六中全会精神，深入贯彻习近平总书记系列重要讲话精神和治国理政新理念新思想新战略，统筹推进"五位一体"总体布局和协调推进"四个全面"战略布局，牢固树立创新、协调、绿色、开放、共享的新发展理念，大力推进生态文明建设，以水环境质量改善和流域经济社会可持续发展为目标，深入贯彻落实十八大关于生态文明建设的战略部署，落实国家"十三五"规划纲要、《水污染防治行动计划》和《"十三五"重点流域水环境综合治理建设规划》提出的关于全面改善水环境质量的要求。按照《国家发展改革委办公厅关于组织开展流域水环境综合治理与可持续发展试点工作的通知》（发改办地区〔2017〕729 号）的相关要求，以清水河（新庄以上）喀斯特重点开发流域和"国家级新区＋省会城市"的流域上、下游协同发展模式为特色示范，以点带面推动具有西南喀斯特生态脆弱性的重点开发流域，下游"前城市化"，上游"后城市化"的流域内"国家级新区＋省会城市"特殊区位关系和协同发展背景下的典型流域水环境综合治理与可持续发展工作，推进"十三五"重点流域水环境综合治理重大工程建设，切实增加和改善环境基本公共服务供给，改善流域水环境质量、恢复水生态、保障水安全，为实现"十三五"重点流域水环境综合治理目标，推进流域水体水质提升，实现流域可持续发展，起到试点示范作用。

开展贵州省清水河（新庄以上）流域水环境综合治理与可持续发展试点工作，既是贯彻落实习近平总书记关于贵州工作要守住发展和生态两条底线指示的重要举措，也是贵州推进流域水环境综合治理与可持续发展的迫切需要，通过流域环境与发展综合决策、河长制、流域生态补偿机制、流域环境监管、生态文明建设目标评价考核、排污权和水权交易等生态文明体制机制改革，探索适合喀斯特地貌重点开发流域水环境综合治理与可持续发展模式，对于促进流域生态文明建设和绿色发展，具有十分重要的意义。

王秀峰博士：

大概在 20 年前吧，我到普定县挂职当副县长时，就做了一个模式——区域综合治理，蒙普河流域综合治理，蒙普河流域是典型的贫困地区、喀斯特地貌地区，以前单项治理是不行的，后来就搞了一个综合治理，这个项目当时在全国来说是很有影响力的，在这里有两个方面的考虑：一方面是宏观角度，也就是围绕十二次党代会精神的一个核心点（生态产业化）就是产业怎么生态化的问题，涉及工业、产业园区建设用地的问题，这个是很有必要的；另一个方面就是微观角度，很小的，分层次地去说明，例如在农村，20 世纪 70 年代之前，它就是一个原始的循环生态圈，就是自然循环生产的过程。

申茂平：

这一块是领导特别关注的，对于贵州来说，清水河的地理位置很重要，事实上对贵州整个区域产生的无论是在经济上，还是社会上的作用都比较大，但是这个区域如果说按照你们的规划要搞这几大工程的话，包括这几大工程究竟该怎么进，从哪几个方面进，最后能达到什么效果，这个是不太清楚的。所以说我的一个想法，重点还要做到这几个地方来，例如松柏山水库区域，湿地到底该怎么进，进哪些，范围有多大。花溪水库，除了这些以外还要进哪些工程。如果从这些方面去看的话，拿出的成果会更加有说服力，因为政府关心的就是找抓手，怎样才能找到抓手，而不是说从农村运营污染，我不是说这个不重要，这个区域上，这个课题里面我认为它是非常小的一个问题。我的想法不一定对，但是我认为你的方案需要从这个层面来说，我现在写材料都是从领导的角度去思考，领导到底关注什么，领导到底想要什么。

王红霞博士：

我有几点肤浅的看法，一是从这个项目上看它是制定一个实施方案，实施方案更强调实操性，能不能落地，通过哪些抓手。二是还有一个水环境的综合治理，从综合治理这个角度可能更强调政府相关的职能部门应该有哪些职责，另一个可能从居民主体、企业主体这两个主体去思考，可能每个区域的需求不一样，然后我们相关职能部门又该怎么做。你上面说有利于生态脱贫，我们把这一段流域治理好了之后，它所产生的生态经济、生态优势怎么转化为经济优势，怎么促进生态脱贫，可能路径和对策也需要思考一下。

张金芳博士：

下面我谈谈我的看法：现在建设城市就需要建设智慧城市，治理流域也应该建设智慧流域，就是自我治理、自我完善、自我洁净，怎么样达到这样的程度？现在提出了一个生命体或生命共同体的概念，这实际上就是信息的不断叠加，不断交流。城市也好，流域也好，它有一种生命特征在里面，需要自我新陈代谢、自我修复，这样的概念逐渐渗透在里面。这个方式就应该是大数据了，大数据就是说收集各个数据，然后在这个基础上形成一个角色，然后在角色的基础上再形成相应机制，就是我们说的治理机制。所以对于这个课题我觉得最重要的不是我们去治理几个工程，而是我们把这个任务形成一个自我修复、自我治理的一个机制，这个部分形成了，那才是一个良性的、长远的。如果建一个大工程，不一定是治理，有可能是把它破坏了，因为现在主要考虑它本身的特点，一是地貌、地质、气候，在这个基础上形成一套自我修复、自我完善的机制。

林玲博士：

刚刚说到要进行产业优化，提出各个区域产业该如何布局，请问一下这个布局与现在的布局有什么不同，它的依据是什么？

陈栋为博士：

它的上游和下游肯定有区别，在上游这一块从空间布局，根据区位特殊的敏感性，就以低污染、低能耗、环境友好、绿色循环类的，像大数据、大医药、高端装备制造这类对环境影响比较小的产业布局。对下游这一块，它处于一个转型调整的过程，传统的一些产业，包括化工、建材、五金、橡胶等产业，需要把它调整出去，在这个过程中，引进新的产业，也是按照环境优化配置来要求、来准入的，相对于上游对环境要求较小。

罗以洪博士：

我也提几个方面的意见：

一是意义部分。现在方案上这几个意义有点散漫，建议精简一下。首先是从国家层面，国内旅游业对水的污染是一个很严峻的问题，国家也想找到一些切实解决的办法，我认为贵州省在这一方面做得还是很不错的，贵州省在一些地方"小题大做"是做得非常好的，包括大数据一下子就上升到国家级试验区。清水河流域的水污染综合治理搞好以后，其实对全国来说是一个很好的实践探索，可以为长江流域、乌江流域甚至全国其他水系水的综合治理问题提供成功的经验。其次从省级层面来说，全国第十二次党代会上把大生态战略提出来，大生态战略怎么搞，其实就是具体的点，具体的事，是在贵安新区水资源治理的实践。最后是具体落到贵阳、贵安的时候，要提出具体方案。

二是问题方面。方案提出的建议很重要，很尖锐的问题在这里面应该提出来，第一个问题是城市扩容，生态压力过大，水资源不足；第二个问题是工业强省战略产业发展压力增大，战略布局的科学性不足；第三个问题是治理水平较低，区域协作和合作的程度较低。

三是解决方案。一是要体现出改革，全省要探索出一条改革的路子，水污染治理的改革在全国搞先试先行，生态的亮点，通过治理以后让我们贵州、贵阳、贵安新区的生态优势更加明显，产生效益，让我们的民生效益和产业效益得到提升。二是建议产业布局应更加优化，重点发展绿色产业，实施的科学化要提升，利用大数据技术、物联网技术的提升，解决当前存在的问题。三是在体制和机制上解决问题的方面要加强，重点从环境及区域内各个部门之间的协作要加强，比如说碳排放的购买，区域之间要分清。四是建立较好的投、融资体系，多元化的投、融资渠道。五是项目的构建上需要统筹安排，加强区域间的协作。

梁盛平博士：

今天陈博士把正在进行的项目拿出来进行解剖，让大家提意见，也是相互学习，相互触动。今天我们请了不同行业的代表，提出了局部立体的建议，我现在提几点建议：

一是方案需要做一些外围性的案例分析，案例分析不一定作为主要内容，可以做成附件或者其他，尤其是现在关于生态综合试验区，我看目的很清晰，省发改委委托你来做方案，就是希望在综合试验区能够搞点自己的动作，就是贵州省自己在生态文明综合试验区的动作，这个只是聚焦在清水河流域，这又是最难点，因为一个是国家级新区，一个是省会城市，贵安新区是打生态牌的，这是新兴的非建城区，确实很有典型意义。但是你的举措在哪里，就要做一些两个外围分析，一个是江西省、福建省与我们的横向对比分析，还有一个是我们这个流域跟大流域的对比分析。城市就像一个生命体，它是一个完整的生命体，生命体必须有水，所以这是两个外围式的研究，必须做附件或其他。

二是我们自己的关于生命体外围性的研究，也叫对比研究，要理清楚，领导很关心，没有最后的来源，什么事都做不成。从微观角度来讲，例如：1.关于车田河的上游在哪里，就是原来的汪官水库，现在的月亮湖。月亮湖就是未来贵安新区核心区的景观公园，是车田河的最上游，月亮湖的水主要是雨水和少量地下水的补充。关于花溪水库，水库的水流到南明河，所以说月亮湖的水不排下去南明河就没有水，这是一个很现实的问题。2.松柏山水库的水也要汇到花溪水库，松柏山水库也没有上游，松柏山水库是饮用水源，通过凯掌水库补给过去，我们正在搞黔中水利枢纽，一期已经补过去，现在还要增加二期补水，月亮湖我们在做隐蔽工程，要通过黔中水利枢纽调配过去补给月亮湖，打通真正的水系，月亮湖的水也是通过人工渠道，从乌江的上游调过来的。3. 阿哈水库也是终点，核心也是靠雨水补给。这三个是目前研究最重要的，构成现在的清水河治理的方案，必须要讲清楚。要从宏观和微观把这个吃透，再看它怎么产生自我造血功能，因为人加入了就增加了一个循环体系，产生了人喝水和排水的问题，增加就破坏了生态足迹，对大自然产生了影响。原来生态环境都是自我循环的，哪怕是堰塞湖慢慢地就形成了新的湖，哪怕是水土流失它慢慢也固化形成自然的一部分。它有自我修复的功能，自我解决问题的功能，正因为现在人的聚集，导致了新的生态破坏，那么我们必须在原始的生态环境上，加上人的，加上新的自我循环，要把这一块解决掉，人进来了肯定有人的措施，要把生态足迹平衡，这是关于微观的角度。还有关于城市角度，实际上搞建设最后就要回归到这个人造物空间，人造物空间我们叫区位城市，这个是区域概念。从区域的角度也要分，方案已经分了好几个片区了，一个包括车田河片区、松柏山片区、阿哈水库片区等，但是这个是从水域的角度，最后从城市群的角度，包括贵安新区、观山湖、老城区，用城市角度来解剖这个会更好，刚才是一个从水系的角度，如果不从城市的角度很难理解，因为它还涉及体制问题、机制问题，从城市的角度解决边界问题，涉及刚才讲的因为城市而分割，因为分割而要有机制，因为有了机制才能平衡，当然是新的平衡，新的平衡解决可持续问题，最后空间形态要到城市这个界面上来，才讲得清楚，否则从自然角度就不好直接过渡到治理角度，到不了治理角度，就导致很多问题梳理不清，这有很多翻译转化的概念。不到行政边界上就琢磨不清楚，所以说要讲回归到城。第一个阶段是老城区，第二个阶段就是新城区，它发展了十多年，里面有新的东西，第三阶段是贵安新区，还没建成，更新。再上面就是生态屏障。以城市解读建设，从建设角度解决问题，从生态角度去分析，不能割裂，但是从建设角度必须割裂，目的是把它复合起来，缝合起来。从策略的角度，就要讲究竟要怎么办，要有大的策略，小的策略，控制片区的策略，实施细则必须构建起来。例如注新、换旧、提标、创效。生态导向的细化，现在中国发展最后的竞争力、区域发展的最后竞争力都是城市群的概念，大的城市群来讲，在中西部最核心的是成、渝，它是五大国家级城市群之一，所以黔中必须往那边靠，理由就是从水域的角度，从水的角度往那边靠，形成新的经济业态、发展业态。再从黔中剖出来，我们是黔中的一个核心城市群，这个城市群怎么办，我们讲快速道路和轨道交通，包括路网连接、水连接、生态廊道的连接，另外它有生态屏障、有隔离的角度，所以形成一个组团式的概念，它必须有屏障，屏障就是分割。从可行性方向给别人策略，策略有大的策略，有微观策略，有中端的策略。

通过看别人怎么做，也就是案例分析，通过大领域的分析寻找我们的位置，你不找到自己的位置关系是做不好的，再就是通过生态本底，水这个核心角度，究竟是怎么回事，要讲明白，后面要从落实的角度，从城市、行政这个角度去给领导更清晰的方略。

第五章

绿色发展（二论）

新城观点：绿色发展内涵丰富，这里主要讨论了通过城市集约和生态文明再认识角度探寻绿色发展在国家级新区的若干解读，结合贵安新区城市实践，探索从规划功能国土属性"混搭"集约、建筑物地上地下集约、慢城快城集约、城乡农业工业化集约、生态文明文化发展、绿色产业发展、绿色培训等，也谈到涉及法制机制和绿色标准等障碍。尽管困难不少，但是对绿色发展的众多观点恰是新城绿色发展的闪闪明灯，启发深刻。

新城市首先就是绿色发展的综合承载区域，既涉及物理实体空间也涉及与人关系的经济文化机制内在空间。

关键词：绿色发展　绿色集约化　绿色生态文化　时空平衡

第一论　城市建筑集约度看绿色发展
（第 24 期，2017 年 1 月 13 日）

摘要：2017 年第一期微言堂（总第 24 期）于元月 13 日在贵安新区板房行政中心 1107 室举行，柴博士首先从五种城市土地集约混合使用角度谈城市如何绿色发展，胡博士从经济学成本核算角度谈绿色发展要有相对的度（算好账才能谈搞好可持续循环发展），白博士从人的发展趋势居住公共功能集约角度谈绿色项目开发设想（对人未来生活有理想如何切入政府项目而实现落地），田博士从农业工业化角度谈绿色发展（群体行为的经济分析），宋博士从集约与非集约均衡角度谈城市综合发展（快城智城集约与慢城非集约），潘博士从集约发展相关制度制定过程的博弈角度谈绿色发展的反作用力，梁博士从人自身生态足迹根本单元试图解释绿色发展的本质谈绿色集约发展。大家各抒己见，时而把话题扯到大人类，时而扯到人自身身边小事，尽兴而愉悦，既为绿色发展共享发展谋国家大事，也为自己工作压力而类聚"话疗"自身小事，把工作剩余智力进行有效释放而形成智慧火花。

相关讨论

柴洪辉博士：

城市建筑集约看绿色发展，对于这个问题我有几点思考：

第一，从法律和制度层面上进行思考。我们与有些国家不同的做法，是开发商把地圈成自己的，不对外开放，但我们整个城市的社会公共服务，对于这样的单体设计，能不能起到支撑作用？目前，基层社会组织到社区这一块，解决了这个问题，并且和我们现在网格化管理能连接起来。但是引申出城市规划建设法律法规和相关制度不支撑，同时整个社会组织体系，政府的组织体系最基层的点上，也是不支撑的。中央城市工作会议提出了拆墙透绿，要打通小区，但是打通了之后，过往的社会车辆、人的文明、车速问题、按喇叭扰民等问题会带来管理上的困难，从单体建筑集约可以引出整个社会治理体系，它的变革，实际上也是朝着绿色发展，那么把这个单体建筑放大一个层，如就几栋单体建筑组成的一个小区，把所有小区开放，这时可以做一些微小区基本单元，在那之后，绿色发展从整个城市的拓展的角度就不一样了。从单体建筑本身集约，怎么集约，我考察过浦东的上海中心，里边把生活、办公、教育、娱乐、文体、餐饮等功能全部集合了进去，效果特别好。

第二，我们今天讨论的贵安新区单体建筑的集约，要集约在哪里？我们现在建起来的安置小区都没有了，从单体建筑的角度对上层空间和下层利用都是远远不够集约的，所以带来的能耗也很高。贵安新区现在所有的小区，地下除了一个停车场，什么都没有，而实际上有很多功能是可以转移到地下去的，例如每一栋单体建筑之间都可建立起地下通道，把每一栋单体建筑连接起来。对于地下空间，国外地下的一层都是开放的、公共式的空间，这也是一种集约的体现。这种集约带来能耗的下降，对社会效力的提升是相当强的。

第三，是规划的问题，我们国家的规划体系当初是参照苏联的，国土用途的划分和管理也是从苏联引进来的，虽然有一定的科学依据，但是现在仍用老套的办法来做规划和管理是行不通的。典型的表现在于土地居住用地、产业用地、工业用地、商业用地以及公共服务用地，是按功能区分的，管理中间有明显的界线，居住归居住，产业归产业，这就增加了交通负担。例如深圳，作为一个新城市，它引进了一种潮汐流的管理办法，规划把原来进城的道路分出来使早上人们从中心往外走得到便利，到了晚上时，人们从外边往中心走，结果又把出城的道路分出来。值得我们反思的是，这种规划理念带来的能耗，一点都不经济，更谈不上绿色。所以，贵安新区能不能实现功能用地混搭？

第四，国外把垃圾处理、污水处理、自来水都整合在地下，我在德国考察时，发现它中心区最繁华的地下全部是空的，他们把垃圾处理、污水处理全部都整合在一起。贵安新区应该给出一个绿地指标，结合土地用途的功能，让绿化用地集约起来。

第五，关于学校、教育用地这一块能不能混搭？个人认为是可以的，因为它解决了贵阳怎么建一个药用植物园的问题。药用植物园和中医学院整合在一块儿建，中医学院本身是政府投资的，把它与药用植物园用地整合起来，将植物园用地置换出来，把商业用地集约，把地价抬上去，用这些钱去投资教育。贵安新区能否实现混搭，这还不知道。贵安新区的农业，将来要承担现有农业、休闲农业、科园农业和教育农业的功能，让学生在实践的时候，可以德智体美全面发展，有利于素质教育的提高，从这个角度也能培养学生绿色文化的理念，这是一种商业用地混搭的方式。这种用地的集约方式，可推广到整个城市。

梁盛平博士：

刚才柴博士从五个方面谈了城市建筑绿色发展，阐述很全面，我再小结一下，从土地的角度谈到城市集约的理解，确实说到很多核心的价值，冯仑正在实践的立体城市，也就是谈把人赶到鸟笼里去，房子就是一个笼子，其他用地用于种树种草种花，引河水，这就是立体城市，把城市立体化，置换出大片的绿色公园广场，强调城市综合体发展理念。综合体里围绕"衣食住行用"提供便捷舒适的集约服务，垂直在空中，横向的城市空间充满绿色的诗意。这段时间我和柴博士在讨论一个问题，就是城市越来越大，越来越复杂，越来越看不懂，最后什么城市病都有，好可怕，所以我想让城市看起来简单化，让人能更简单地理解，放到最小，浓缩到一个点，就是刚才提到的基本单位，基本细胞的概念，我现在就在琢磨城市浓缩到一个点，基本的单元是什么？它不单单是一个建筑或建筑组合体，这里边组合了一个小细胞，实际上是一个小社会，其实无非包括村寨和社区自然组织。N个村庄可以组成更大的社会组织细胞，N个社会组织细胞可以组成小城市、中城市、大城市乃至城市群等，我们讲城市概念，如果把村寨和社区这个最基本的城市单元想清楚了，就把城市本底找到了，把城市基本细胞建设健康了，城市病就从根本上治好了。我觉得城市本底开发建设好了，看似复杂的城市化就很健康了，可持续发展了。我认为未来的城市不仅是传统城市边界，它还包括城和乡，乡村支持城市发展，城市反哺乡村的建设，"城与乡"二合一就是未来的新兴城市。

白正府博士：

我以前在山东烟台时认识一位房地产老总，他小的时候很向往大家吃的大食堂，集体活动。他觉得这样很好，他就想盖这样的房子，然后在这样一栋楼里设休闲、餐饮，人和人之间的沟通都放里边，让厨房、厕所分别集中一起。于是就做这样的前期调研，想知道这样的房子建好后，有没有人住、能不能卖出去。他想和政府合作投资建设养老院，或者大学，要不要盖这样的房子，说得是很好，但是做前期问卷调查时就出问题了，因为很多法律、法规的限制，有些相关手续批不下来。

胡方博士：

中国的法律为什么规定房屋产权是 70 年，实际上在经济学本身有一种解释，这从人的经济生活来说，人的文化、价值观和审美观过一个阶段就会发生很大的改变，如果改变了，那从前所建的东西就不是享受了而是一种障碍物，应该把它毁掉，重新建造。

柴洪辉博士：

从开发设计到微观建设的角度来讲综合成本，这个成本就目前国内来说是行得通的，可以全覆盖，而且可以把小区做得高端，但是从总的成本来看，政府承担是很重要的，政府投资就得考虑综合效益的问题、投资的合理性。从综合效益这个角度，比传统的模式要经济，但是测算很难。之前我们城市的建设模式基本人口在300万，超出这个人口规模就不经济、不集约了，这跟城市的集约化有很大的关系。

潘善斌博士：

柴博士和梁博士所描绘的画面，十分诱人。但目前，还存在法律上的障碍。按照我国现行《物权法》和《规划法》，还有很多很复杂的问题需要解决。另外，我理解城市建设集约问题要从单体、小区和区域分层进行分析。其核心问题涉及有关产权的配置问题。从当下看，从法律的角度来处理好绿色建筑中的有关产权问题尚需时日。

胡方博士：

集约和绿色发展本身有一个度的问题，如美国的发展有一套机制，最根本的是遗产税，遗产税把私有制全解决了，遗产可以继承，但得缴80%的遗产税。最后实际上遗产就变为国家的了，目前中国没有这样的机制，所以中国很多人都喜欢积累财富。

田丽敏博士：

我就从"建筑、集约、绿色"三个关键词来谈这个主题。建筑涉及建筑的风格和功能，同时涵盖贵州农村乡村建筑的特征；集约就是高效，绿色就是低碳环保。总的来说就是关注未来，考虑低碳环保且高效的农村和城市的建设问题。因此，首先要考虑农村和城市的定位是什么，其主题和主要功能是什么，即未来农村和城市的样子是什么，我们的城市如何体现山水合一，人与自然的合一？其次，我们农村有很多优秀的古建筑，如果能把握好传承和发展、将传统与现代相结合，充分彰显我们的生态特征，应该能体现出我们未来建筑的特色和优势的，考虑在建筑构造及功能中运用我们的山、水和空气，也就是说，依托贵山贵水，可以做出特色的东西。

柴洪辉博士：

我有个观点，抛开农民人数太多的问题，只从农民和农业的角度来讲，农业毫无疑问是弱价值产业，那么农民来做弱价值产业肯定没前途，只能是"消灭"农民。跟城乡统筹上提的观点是一样的，表述上是有农业，无农民，无农村。现在从技术上来讲，工厂化是不存在问题的，农业将来毫无疑问是工业化的，农业如果不实现工业化，它的弱价值性一直解决不了，产业无法发展，全世界都是如此。

田丽敏博士：

刚才讲的是农业工业化，使农民从原始的田间地头走出来的同时还能大幅度提高农民收入，并过上一种幸福指数较高的田园乡间生活，从而更加吸引城市居民。因此，从规划来说，为了未来生态绿色的发展，肯定要保留大面积的村庄、绿色用地，起到一些其他的功能，比如观光、旅游、农业体验。可以结合平台生态圈的概念，不仅仅是社区，还有企业、政府、高校、科研机构等，依托信息技术共同组成一个共生共荣、循环高效且相互制约的生态圈。此外，还有一个治理权的问题，是归政府还是企业？这是在现有的体制下需要考虑的问题。

回到贵安新区定位上，我认为应该是个世界级的城市，就建筑风格上我们要有一些世界级的名片，融入一些少数民族特性的东西，既体现现代化国际化大都市功能又能彰显原生态特征。

胡方博士：

绿色发展实际上是靠人的认识，转化成生产力的时候就是科技。科技首先讨论的是理论，转化为执法行动的时候就是科技生产力，但是实际在发展的时候，人类社会发展先是给自己留有余地，因为不知道将来会怎么样。比如房子做得不好拆了，也很好降解，自然也很好进化，没有污染。如果量大到一定程度，降解不了，就造成了负面影响。如果建筑材料本身就环保，降解难度小，这就涉及成本。刚才说的海绵城市、绿色建筑材料，实际上就涉及降解成本对后续的影响。

宋全杰博士：

规划是资源配置的顶层设计，某种程度上是利益的再平衡，所以规划不仅仅是技术的问题，能否把一个城市建设得更美好，我觉得更重要的是规划管理的问题，是能否充分尊重规划、不随意更改规划的问题。我发觉贵阳这边很多项目都是大规模供地，很多是几千亩，有的甚至上万亩，这些项目中很多是房开项目，这就会造成一种后果，就是项目开发会按照自己的意图和需求重新布置用地，从而大规模地更改原先的规划，打乱了原先的总体城市布局，至少是局部打乱了城市布局，导致后期项目方案审查难度增大，而目前贵州城乡规划管理能力未能达到应有的水平，城市交通拥堵、公共服务设施和市政配套设施不足的现象也随之发生，这与精细化管理的要求是不相符的，与中央的小街区、密路网的精神是相违背的。

城乡规划偏重于空间布局，这就要求为城市发展所需的各种功能提供空间，社会发展越来越快，未来城市的功能需求也会随着时代的发展而发生变化，这就需要城乡规划者预留一定空间，以满足未来社会的发展需求。

好的城乡规划都有一个比较严谨的逻辑，贵安新区也提出了"感性的自然、理性的城市"，就是城市规划是理性的。我个人觉得城市也需要一点非理性，非理性的东西会增加一些偶然性，这种偶然性是人类所必需的，也是创新的重要源泉。

关于绿色建筑，我觉得应从建筑的全寿命周期去评价，不仅仅是建设成本的降低、建设材料的低碳，使用期间的能耗也应一并考虑。建筑的集约建设需要统筹考虑地上、地下空间，在贵安新区，要特别重视水资源、水环境、水生态和水安全的保护工作，既要重视地面高密度开发区域对地表水径流的影响，也要重视地下空间开发对地下水流向的封堵。

绿色建筑，要特别重视技术的进步带来的改变。现在国家正在提倡装配式建筑，前段时间我跟随新区的领导去考察了一家钢构公司，对我思想触动很大，装配式建筑将更新以往的勘察、设计、施工理念，也就会把绿色建筑提升到更高的一个台阶，所以我认为某些重视技术的进步会使相关领域产生质的突变。

梁盛平博士：

刚才延伸的一种价值，跟人有关，宋博士讲到一种平衡，其实平衡分两个。一是横向空间的平衡，比如慢城、快城。二是时间维度的平衡，就是时间换空间的问题，意思是在未来换现在阶段的价值，比如现在追求绿色，未来全绿了，绿色就没价值了。正因为现在缺绿色，所以我们需要绿色。我们的题目是绿色发展的态势、集约，去年研究的《发展指数报告》确实讨论了很多，碰撞了很多智慧火花，有一个新的名词，叫作生态足迹，一个人出生后，衣食住行都会向大自然索取，会有一个对应的空间通过增加自然要素来弥补平衡大自然，在国际上从绿色研究的角度来说，也是国际标准说法。

我们现在的城市发展就是在"侵略自然"，"侵略农村"，现在工业化带来城市土地的快速扩张，我认为城市最大的问题就是人口的集聚和资源配置的不同步导致的矛盾。最突出的是工业化，严重依赖石化资源，稀有资源高效规模发展，导致剧烈的变化，生产效率虽然提高了，但对自然的破坏力加大。

白正府博士：

回到题目上来，绿色发展最关键是要有可持续性，比如现在分散的居住方式不绿色了，想绿色而放弃现在的很多东西，也不实际，至少要有个判断的标准，这个标准就是可持续，还得向下发展。人类的科技与认识是不断前进的，我们今天也无法预测到十年过后，我们认为的绿色是否在可预见的未来能循环，也就是说我们现在做的任何事都要留有余地，如果做到极致了，到时候是无法弥补的。

柴洪辉博士：

今天我们从建筑集约的角度讨论，通过视野深入透彻地讨论了四个层面：第一，绿色发展涉及的时间空间背后隐含的度的问题，什么样算绿色发展，这是我们下一步需要琢磨的。第二，绿色发展涉及城市和乡村关系，乡村的产业支撑以及从乡村的角度怎样和城市融合。第三，从规划的角度来看绿色发展，有疏有密，还要有留白，这些也涉及一个度的问题。第四，慢城和快城是不是有一定的答案，快城真的就是绿色发展了吗，它虽然集约了，但是也不能说慢城就一定不是绿色发展。

第二论　贵安绿色发展实践讨论
（第 33 期，2017 年 9 月 5 日）

摘要： 自国务院批复建设 3 年来，贵安新区始终围绕"生态文明示范区"战略定位（三大战略定位之一），奋力推进生态文明规划与建设。完成了对新区总体规划环评报告，编制了新区环境保护规划和生态文明建设规划，制定了新区直管区建设生态文明示范区实施方案等。奋力推进山头绿化和矿山修复行动计划，奋力推进海绵城市和综合管廊等建设。讨论并通过了生态文明建设的"七大机制""八大工程"和"1+9 系列制度"等。创新提出"绿色金融＋"（1+5）绿色发展模式。这次微讲堂通过对生态文明建设回头看、回头想，与各位专家博士再次讨论"生态文明"，探寻新区绿色发展的新思维、新灵感。

通过本次交流，从中获得几点启示：一是对生态文明内涵的再次解读，它是一切有利于人类生存发展的优秀文化积累，是文化引领下的生态建设，是生态发展下统筹推进的人文、科技、历史、教育等。二是贵安新区生态文明建设不仅仅改善生活环境本身，还要结合现代高新技术产业的选择和发展；不仅仅要留得住地方特色、留得住乡愁、攒得下回忆，还要多加强公共文化设施和公共文化服务体系的建设；不仅要自主创新和精心规划，还要多借鉴学习西方国家好的经验。三是构建贵安新区生态文明平台战略，带动相关企业和产业联动发展。四是新区的生态文明建设的当务之急是吸引人才和留住人才。尤其是涉及"绿色交通",以前的交通"绿色"不便捷,现在的交通便捷不"绿色"。在国家生态文明博物馆规划与建设上,充分考虑本土少数民族的生态文明展示,给大家留下了深刻印象和启迪。

相关讨论

刘汝才:

首先对梁博士的盛情邀请表示感谢,同时也为这次调研活动能够顺利开展,对在背后默默付出的潘老师及其他老师表示衷心的感谢。我们统战部和学校无党派人士一行20多人能够聚在一起交流学习,这的确是一次难得的机会。那么我们先请潘老师简单地介绍一下在座的各位老师,然后围绕梁博士给出的关于"生态文明再研究:贵安绿色发展实践讨论"主题开始会议讨论。

潘善斌博士:

感谢梁博士的邀请,那么我先简单介绍一下参会的各位老师(略)。可能有的老师已经不是第一次过来,有的老师已经是这边的老朋友了,希望借这个机会,大家多沟通多交流。刚才,大家参观学习了解了贵安新区生态文明建设的基本情况,下面请大家围绕贵安新区生态文明建设这个主体,谈谈自己的一些感触和想法,为推进国家级生态文明示范区献言献策。

梁盛平博士:

首先对贵州民族大学各位博士及专家表示热烈欢迎,很荣幸能够邀请各位来新区参观指导,也感谢各位百忙之中来参加本期"生态文明再研究:贵安绿色发展实践讨论"。我跟民大有很深的缘分,同民大的各界专家学者都一直保持联系,同潘老师这边也一直有合作。通过潘老师的介绍,了解到今天到场的各位分别是涉及各个领域的专家,比如民族学、社会学、建筑学、材料学、管理学等领域,能够邀请到各位并有机会从不同视角看待贵安新区的生态文明发展,实属难能可贵。关于"生态文明再研究:贵安绿色发展实践讨论"，我们也为大家准备了"贵安新区生态文明示范区建设推进大会汇编资料"和《绿色贵安》杂志等，以便大家更好地了解新区生态文明的发展历程。"生态文明"这四个字比较容易理解，有很多解释，也请大家根据自己的经验和贵安新区实际情况，谈谈自己的看法，从不同的角度说说国家生态文明是什么，贵安新区的生态文明又是什么，新区的生态文明建设应该怎么做，希望大家热烈讨论。

喻野平：

关于这个讨论会我没有来得及特别准备，那么关于生态文明这个主题，我简单谈一下自己的看法。首先，什么是生态文明。生态文明概念的提出，主要是针对城市发展过程中，人类为了满足自己的需求，而对自然资源的不合理开发利用，破坏了自然生态的生存环境，因而生态文明建设才在世界范围内得到重视。具体怎么定义生态文明，并不是一件容易的事情，20 世纪 80 年代提出文化的概念，广义上说，只要与人有关的产物就是文化，而文明离不开文化，文明是更高层次的文化，是在文化的概念上衍生出的，利于人类未来生存发展的优秀的文化积累就是文明，结合生态就是生态文明。从这个角度来看生态文明，应该着眼于建设有利于人类生活与发展的生存环境，利用我们优秀的民族文化去唤醒人类的文明意识，恢复那些被破坏的生态环境，人与自然和谐发展，这才是真正的生态文明。其次，贵安新区定位为国家级生态文明示范区，应注重选择发展产业的方向。通过手上的资料我大概了解到，贵安新区的定位是非常明确的，就是打造国家级生态文明示范区，这在全国也没有几个，那么我们应该充分发挥它的优势，利用先进技术、前沿科技、优秀产业平台等去满足新区发展的需求，也就是说生态文明不仅仅是生存与居住环境本身，更重要的是选择发展的产业，产业不用多，但是一定要做得好做得精做成典范，那么结合新区的建设，我认为新区现在可以选择发展信息业（大数据）、旅游业（特色小镇）及养生（养生基地）等方面的产业，将它们做大做好做强，总的来讲，新区作为开发区，产业发展的方向很重要。最后，这次过来有很多收获，对新区有了更多的了解，由于准备不充分，讲得不一定到位，也请各位见谅。

潘善斌博士：

听完喻老师的讲话，我觉得说得很好，我就再接着说两句，咱们单位到场各位老师都在各自领域有一技之长。实际上，这次交流也是一个很好的对接机会，比如建工学院"绿建"方面，新区这边非常重视这一块，可以下来多交流；商学院老师关于少数民族经济村寨发展这一块，后面可以过来做一个专题研讨；还有材料学和非物质文化遗产等方面都是非常重要的。那么下来之后，大家可以再仔细看一看新区资料，有感兴趣的可以更深入地与新区这边进行沟通交流，发展研究中心和研究院这边也经常开一些小型研讨会，也欢迎各位老师积极参与进来。希望这次会议是一个桥梁，能够让我们学校无党派老师与新区发展研究中心和生态文明国际研究院建立起联系，充分发挥博士和专家的才智，为新区建设发展贡献智慧。我就先说这些，我们的讨论继续。

容小明：

我认为把贵安新区建设好是我们每个贵州人的责任，因此我也想在此发言，但是想法可能还不是很成熟，我就简单说几句。生态文明建设需要文化引领，即文化引领下的生态建设才是真正的生态文明。贵安新区作为国家级新区，在确保生态不被破坏的同时应将文化元素注入，包括苗族文化、侗族文化以及夜郎文化等，其中当属夜郎文化最为金贵，我在导师的指导下研究夜郎文化已有六年，发表了《论夜郎文化博物馆成立》的论文，有相关专家对夜郎博物馆的成立产生非常浓厚的兴趣，夜郎博物馆的定位是国家级博物馆，我了解到咱们新区 2020 年的旅游发展目标较大，如果能引入夜郎文化，引进夜郎博物馆，对贵安新区的发展有很重大的现实意义，如果需要，我可以为新区这边提供这方面的资料，我就说这些。

梁盛平博士：

实际上少数民族生态文化一直也是我们关注的点，从少数民族文化中如何找到民族生态文化？新区这边要建一个国家生态文明博物馆，我们现在也在思考具体这个博物馆要怎样展示，夜郎文化是本土文化，可以考虑怎样更好的融合进去，容教授为我们介绍得很好，希望下次有机会能单独请教。

李小武博士：

刚才几位专家提了很多很好的意见，针对生态文明这个主题，我也简单说说我的感想。首先，贵安新区起点比较高，我认为不管怎么发展，生态一定要保护好；其次，高新产业发展很重要，应选择附加值比较高的产业；最后也是最重要的，我认为新区的生态文明发展不能随大流，应精心规划。生态环境很重要，我记得小时候随便一个河塘里就能抓到鱼，现在已经抓不到了，人为的做很多，比如人工造水、造山等到底好不好，我只想说如果能够有像小时候那样的水文环境，就算是生态文明。

其实国际上很多国家的生态规划做得很好，比如日本、美国、丹麦等国家，咱们生态文明国际研究院定位是国际化，应该多借鉴其他国家好的经验，不能闭门造车。目前生态文明建设体系还不是很完善，生态文明指标体系建设也很重要，我认为新区应该制定生态文明指标，并依据相关指标，一项一项去完成。同时，新区在整个生态文明建设的大环境中，领导意见要听，专家意见更要听，希望多方权衡，实事求是地把新区生态文明建设做好。

龚剑：

感谢梁博士为我们创造了这么好的学习和交流机会，借这个机会，也说一下我自己的感受。我是第二次来这边，这次感受更为深刻，梁博士为我们很清晰地介绍了新区的发展历程，我作为贵阳人，对新区可以说是有一份美好憧憬。首先，谈一下生态文明。我认为生态文明建设首先要破解人类未来生存方式问题，也就是说最终都得回到社会，现代生态文明不是自然隐居的生活，而是在自然和谐的生态环境下形成一个新的社会系统。在现有条件下，我认为贵安新区要发展，最大问题是需要更多的人气，人来了还要能很好地生存、生活和发展。其次，从我所学的专业角度提自己的两点建议。一是加强公共文化设施和公共文化服务体系建设。在新区的规划中我们有博物馆和档案馆等，但在公共文化设施建设当中最重要的应该是公共图书馆，它作为城市的公共空间，就相当于我们的客厅，我们的书房，是人们可以停下来交流学习的地方，我认为公共图书馆是营造社区社会系统的重要单元，它同时也是各个城市各类发展指标中的硬性指标，我相信在未来发展中，这一点是非常值得关注的。二是及时对贵安新区具有地域特色的文化遗产进行调查、收集、保护、记录及合理开发利用。我们学校曾有专家来这边考察，发现贵安新区有很多地方文化、地域特色、名胜古迹等，这些文化遗产应该被收集、保护和记录。我们是在跟挖掘机比速度，一方面人类在创造新的文化意识形态；另一方面人类走过的每一个阶段都是历史，需要把这些具有地域特色的历史文化信息调查、收集、整理、保护以及合理开发利用起来。我们学校图书馆已经做了很多相关工作，也收集了很多文献资料，同时也取得了丰硕的成果，有机会希望可以和新区这边交流合作。这项工作需要有人来做，否则一旦成为过去，就可能再也没有办法恢复到原来的容貌，新区发展快速，但我相信现在做这一切都来得及并且有深远意义。我就从自己本行谈这两点，不当之处敬请谅解。

梁盛平博士：

龚老师可以关注一下我们贵安新区的多处史前洞穴遗迹，其中位于贵安新区高峰镇岩孔村的"招果洞遗址"（初测至少 3 万年前）和位于贵州贵安新区马场镇平寨村的"牛坡洞遗址"（当选 2016 年度全国十大考古新发现之一），被喻为云贵高原喀斯特古人类活动的"历史书"，当然新区很多地方有古遗迹，我们正打算将这些有价值的历史文化申请为世界文化遗产，龚老师也可以做一些这类似的调查。龚老师提出的社会调查给我们很多启示，下一次可以合作推进一些社会生态调查，也希望借助龚老师的力量去寻一些方向找一些素材。

袁本海博士：

我接着龚老师刚才说的问题再说几句，就是贵安新区的地方特色文化亟待调查、收集和保护。为什么这么说，因为新区发展太快，在贵安新区刚开始建设的时候，我和系里几位老师来这边做了两三年的调研，刚开始调查的时候很多地方的地方特色还保留着，比如一些古老建筑、石刻石碑、历史主题公园等，几个月后再去就什么都没有了，一旦建设工程开工，挖山、开路等就把这些完全毁掉了。如果能够建成公园或者博物馆的话，这些东西就可以很好地保护起来。当时我们还调研到一个村史馆，但是当地觉得不赚钱，就自行关掉改经商了，这真的很可惜，像这种情况是不是可以帮扶一下。总的来说，生态文明建设到底怎么做，我认为应该是留得住地方特色文化，留得住乡愁，也是为后人留福祉。

田丽敏博士：

今天大家都来自各个领域，我是想多听听大家的见解，那么针对生态文明这个主题，我简单说几句。贵安新区的建设是有高度的，新区的生态文明做好了，这对整个贵阳生态都是有长远战略意义的。生态和文明可以分开来看，一方面做好生态，另一方面做好文明。按照书本上的定义，生态是指生物在一定自然环境下的发展状态，由于工业发展迅速，造成生物的自然生存状况出现了问题，那么生态本身没有问题，在人为活动下出现了问题，出现问题就要解决问题，想要变得更好，就必须进行生态文明建设。看了一下咱们的"八项工程"，都是围绕青山绿水、围绕绿色开展的，那就意味着生物的生存状态要回归绿色回归自然才是最好的，比如说绿色交通，以前的交通"绿色"不便捷，现在的交通便捷不"绿色"，那么真正的绿色交通应该怎么去定义，可以思考一下，共享、节能、环保也许也是一个方式。说完生态说文明，文明就是物质文明加精神文明，物质文明包括产业的发展、经济的发展等，精神文明包括人文的发展，比如图书馆的建设、历史博物馆的建设、少数民族文化建设等，文明是一个引领人类进步的过程。总的来说，生态等于绿色，文明就等于人类，生态的发展离不开人，生态发展下把教育、人文、科技、历史等方面统筹推进，就是生态文明，二者相辅相成。

谭洪泉：

就我的专业（数据信息）而言，我个人偏向于现代化建设理念，我也简单谈几点我的看法。首先，生态文明的建设离不开现代化高新技术。贵安新区的定位是生态，但生态不等于落后，越是要保持生态付出的成本就越高，越高端意味着越自动越方便，比如新区海绵城市的建设，海绵城市是一体化的，它涉及的现代化高新技术是非常多的，只有这样才能进行更好的监控和保持城市的有序发展。其次，生态不是一家人做隐士，而是一群人的和谐共事。一部分思想上升到一定境界的人，会想回归自然、原生态、归隐山林等，但多数普通人还在希望自己富起来，有较好的经济基础，有足够的物质条件，可以给孩子提供好的教育等，生态文明建设的目标归根结底还是发展，要发展就不能缺人，生态文明要建设好离不开人这个大集体，聚集人越多说明满足人生活的物质条件就越好，人民的生活质量提高了，那么又能聚集更多的人，这是一个循序渐进的发展过程。最后，贵安新区生态文明建设最重要最核心的是吸引人才、接收人才、发展人才、留住人才。我不知道该怎么定义生态，但是我个人对生态链比较感兴趣，生态链是一个有产出有投入的过程，在整个过程中起关键作用的就是人，没有人就没有高新技术，就没有新兴产业，就没有建设，也没有发展，高端人才总是稀缺的，就像在金字塔顶层。国外很多国家很早就开始重视大数据，所以他们发展得很快，贵安新区的大数据产业是非常好的，但是很多都还没有发展起来，主要是因为缺少人才，新区的当务之急我认为是吸引人才、接收人才、发展人才，还要留得住人才。

田丽敏博士：

刚才谭老师提到生态链这个词，我也想说几句，就是现在我也在让学生做各种链条，生态研究院本身就是一个平台建设，那么在生态战略里，贵安新区是不是可以把自己定位为生态链的一个平台基础，这个平台怎么构建很重要。我们知道各个产业都可以有平台的概念，现在有平台战略、平台转型，有了平台这个基础，我们就可以知道企业怎么通过平台战略获得新的发展，产业怎么通过平台转型实现供给侧结构性改革等。在整个链条里面，一个成功的平台连接的任意一方的成长都会带动另一方的成长，所以平台的构建很关键，同时科技型人才是构建平台的基础，因此任何一个链条，不能缺少平台，更不能缺少科技型人才。

潘善斌博士：

今天的讨论会时间虽短，但是内容很丰富。一方面看了贵安新区这边的规划，梁博士介绍得很详细也很专业；另一方面很多老师做了很好的发言，一些老师提出了一些很好的想法，由于时间问题不能深入讨论，后期大家可以继续跟新区这边保持联系。还有就是其他专业的老师，绿建、大数据、文化、材料等方面都是比较重要的，但是还没来得及讲，我们也希望以后有机会能够请大家过来再讨论。后续我也可以收集各位老师的意见与建议，反馈给梁博士这边，由于时间关系，最后请梁博士再说几句。

梁盛平博士：

今天非常感谢各位博士及专家的到来，大家关于"生态文明再研究：贵安绿色发展实践讨论"给了我们很多启发，刚才各位老师从方方面面探讨了这个话题，民族文化是贵州民族大学的优势，讨论中与生态文明建设相关的民族文化、产业链、平台战略等各个方面都给了我们很多启发，希望下次还有机会继续沟通交流，我们研究院对所有民大博士、专家及学者都是开放的，研究院就是一个服务平台，希望跟广大热爱贵安新区、热爱研究的优秀人士连接起来，欢迎民大这个大家庭随时过来沟通交流。对大家的到来再次表示感谢，希望下次再来！

第六章

绿色标准

（第 21 期，2016 年 12 月 6 日）

新城观点：标准的制定决定质量和话语的高度，绿标涉及国标、地标和行标等，范围很广，针对新城市的标准是什么，大家从传统的企业行业、产品品牌、城市功能物理空间（绿建、交通、制造等）、生态补偿等深入讨论，成本核算成为关键障碍。

新城就单元绿色标准主要包括农村型社区和都市型社区的质量标准体系，具体包括 20 多项，有社区硬件、组织、就业导向、社区服务设施、基础设施、海绵设施、文化教育、公共服务、安全服务等。

关键词：绿色标准　质量体系　标准体系　核算考核

摘要：中央城市工作会议提出城市发展从数量型到质量型，城市质量发展内涵成为现实的迫切需要，城市要有"精、气、神"，既有卓越的理念也要有扎实的工匠精神。如果把新兴城市当成一个完整的生命体，那么城市区位是自然基因遗传，城市空间是骨骼，产业经济是肌体，货币金融是血液，交通基础设施是筋脉。

贵安新区作为国家级新区，既不同于以发展产业经济为主的国家级高新区、国家级经开区，也不同于具有完整行政建制的市区。而是基于"脱离城市病"的创新发展的国家战略区域，践行新型城镇化的先行示范区，实现未来新兴城市的先行试验区，探索出具有可复制可示范的新兴城市发展经验。

按照习近平总书记对新区提出的"高端化、绿色化、集约化"和李克强总理对新区提出的"用十年时间，把贵安新区建设成为西部现代化新兴城市"的指示精神，本期微讲堂以贵安新区田园社区·美丽乡村建设标准国家顺利验收为基础展开对新区"绿色标准、全城质量"的讨论。大家认为作为新兴城市的田园社区和美丽乡村两个基本组成单元进行质量标准解剖，可以更好地对新兴城市提出生态解决方案，以反转"城市病"。最后大家表示一起努力编撰《新区微质量发展报告》和《绿标再发现》等理论成果。

相关讨论

梁盛平博士：

这个微讲堂已经到了第 6 期了，围绕绿色发展，以前讨论了绿色金融、绿色产品、绿色消费等主题。这一期的主题是围绕新区质量。贵安新区今年的主题活动也是质量兴区，前期也做了很多工作，并且上个月顺利通过国家"田园社区·美丽乡村"建设标准试点验收。贵安新区前两三年一直在做市政道路、公建配套建设，大力发展产业，生态城市初步轮廓也慢慢地更加清晰了。从绿色发展角度看新区已到了第二个阶段，那就是质量兴区阶段，有关部门也实施了很多标准。贵安新区的质量体系如何，有什么标准，在实践的基础上如何总结提炼质量发展特色。于是就有了今天讨论的主题。依托已经完成的质量发展研究规划素材和实践经验理论整理具体怎么做，什么时候完成，要有个时间节点。到 2017 年 6 月生态文明贵阳国际论坛贵安分论坛时最好有个理论成果，并同步发布 2017 年贵安新区质量发展报告。

十八大后国内很多专家学者以及各地政府都在围绕绿色发展讨论并实践，据有关调查了解在质量这个切入点进行深入探讨的不多，在 2016 年《绿色再发现》的基础上经过大家每次头脑风暴让我们想到了另外一个角度，就是关于国家级新区质量发展报告这一块，可否是《绿标再发现》，姑且先作为讨论的靶子提出来，它是对传统标准的重新解构，对生态文明新时代的标准做一个创新性解读和实践，目的就是延伸《绿色再发现》的绿色发展研究。从质量标准这一块，新区在实践方面做了很多有益的探索，包括国家刚验收的新区田园社区·美丽乡村建设标准体系等，今年正是整理归纳及继续探索研究新区质量发展关键的时候。大家来讨论一下，请新区市场监管局副局长李海燕同志先介绍一下相关情况。

李海燕副局长：

贵安新区市场监管局成立以后，2014年初，我们申请了国家级美丽乡村标准化试点，并于2016年9月2日验收通过。在这期间，我们主要完成了20项标准体系的颁布实施，这20项涵盖了贵安新区的方方面面，共有6个部门参与了编制。在标准制定的过程中，我们围绕绿色标准做了一些文章，包括城市建设里面也有很多理念，从绿色的角度进行阐释，前期主要围绕标准完成了这项工作。接下来的工作思路的重点是大数据所体现的各项标准。作为市场监管包括质监部门只是一个标准的管理部门，并不是具体的来做这个标准的部门。所以在这个过程中，我们也感觉到，因为新区成立时间较短，所以缺乏这方面的技术支持。

前期，大数据办按照省里的统一部署，做了一些这方面的尝试，现在我了解的是，他们准备拟定三个关于大数据的国家标准，现在已编制完成还没有颁布实施，但这一块是我们接下来编制标准的着力点。另外还有一个涉及标准的，就是高端装备制造了。现在说的中国制造，大多还是中国加工，没有自己的品牌，所以说在这一块上贵安新区到底该怎么做，值得研究。我认为，围绕质量品牌，有两个方面的工作是可以做的。一方面是品牌培育，我们目前在做增创国家级的一个品牌，培育一个示范项目。贵安新区按照规划有五大园区，目前来说，投产的主要是电子信息和高端装备，高端装备目前有20余家企业，里面有些企业拿到全国来说，还是有些影响力的。另一方面，我们有一个省长质量奖。因为贵安新区成立时间较短，企业门槛条件基本还达不到，但是到明年以后我们基本上能够运作这件事情。在新区成立之初，2014年1月份，我们出台了一个质量新区的实施意见，实际上在这里面最着重体现的就是对品牌培育的一个资金奖励。在这个品牌培育上，我们有我们的思路，但是也比较困惑。对于贵安新区来说，企业如何体现出它们的品牌，不走以前加工制造的老路，走出品牌强区的新路，是下一步要重点思考的问题。以前说中国是世界工厂，实际上现在看到的并不是世界工厂而是世界加工厂，这个问题不只在贵安新区，在全国也有这样的体现。我们如果一直是加工制造的话，怎么会有自己的品牌！

朱军博士：

刚才李局长说的二十项标准，社管局占了七个半，主要来自三个方面。第一，社区建设的一个标准。包括现在新区实施的安置社区。第二，关于市民的素质培训。要达到一个什么样的标准，职业技能有一个鉴定和培训，让他们如何就业，如何创业。第三，关于非物质文化遗产。我们准备在新区开设一个能工巧匠的匠人工作室，把非物质文化遗产的继承人，以及有一定技能的人聚集起来。具体来讲包括公共服务、基层组织建设、劳动力就业、文明行为、民族民俗文化绿色保护和传承技术、非物质文化遗产保护和传承技术、社区管理、社会保障等规范。

潘善斌博士：

我们通常意义上的绿标，有深绿，有浅绿。就深绿来讲，比如说国家出台的绿标：绿色制造、绿色产品、绿色消费。另外还有如绿色食品、绿色交通、绿色建筑等。还有一种浅绿，刚才讲的大数据，以及技术的发展，从本质上来讲，是环境节约型、资源友好型，以及人的素质的提高，这也是绿的一种内涵定位。

这本书，我认为可以做一些尝试，像大数据和高端产业这一块，它们可以提供一些支撑。高端化、绿色化和集约化三者之间是有辩证关系的，在某种意义上，集约化就体现了绿色化的要求，大数据这一块也体现了集约化，能不能以这些引领为主导，让它们也参与进来，提供条件上的支持，形成一个个专题，这样的研究成果拿出去在国内可以叫得响。刚刚朱军博士讲的"非遗"问题，有一些东西本身是体现我们多彩贵州的少数民族的人与自然、生命与环境的，里面蕴含着多丰富的内容。我们应该充分发挥传统文化。另外，围绕这个主题可以做一些前期的文献研究，我们要去学习和了解，真正要做这个东西，需要好好研究一些理念上的东西，以及现在世界各国绿色标准的一些规律和趋势。在这样绿色化的理念下，我们的标准要朝什么方向走，这是第一个大的层面。第二个层面，标准是一个很细的问题，里面涉及很多法律问题，有引导性的标准、示范性的标准，尤其是强制性的标准，要作为执法依据。另外梁博士讲的绿色与质量的问题，有一点，它的本色是绿色的，但质量现在是个中性词，有好有坏，绿色是代表发展的趋势，这之间到底是什么关系，怎么样嫁接起来，怎么创造新的名词（比如绿色标准）。

柴洪辉博士：

中央深改办今年开会关于深改工作中央层面提的要点，其中很关键的一项任务就是建立生态补偿制度。建立生态补偿制度有一个前提就是核算，如果没有权威的核算，要怎么补偿，资金的多少没有明确的标准。刚才梁博士谈到关于自然资产（NC）负债表的问题，我们很有必要对自然资产进行核算，盘活好新区的自然资产存量，以增强核心竞争力。

朱四喜博士：

关于湿地生态系统服务价值的问题。比如说湿地，要涵养水土，它的价值何在，它可以改变局部的气候，可以提供直接的产品，还可以提供休闲娱乐的产品，包括文化、教育、科研等。其实它的每个部分都有价值，可以直接算成生态系统服务价值。据专家计算，同样的湿地面积要比森林，甚至比海洋的生态系统和农田的价值都要高，据初步估计要高十倍以上。就像贵州，是典型的喀斯特地貌，它在地理位置上非常重要，长江和珠江的源头都在贵州，按自然资产（NC）来算的话，贵州有大量无形的资产，绿色 GDP（GEP）可能在全国就不是倒数而是正数了，能进前十了。

潘善斌博士：

生态补偿的问题，发改委在四年前就牵头做生态补偿条例，一直没做出来。一些概念化的东西，国际上怎么算，现在有没有成形的核算体系，社会对它的认可到底怎么样。现在深圳有一家在做绿色城镇标准，发出了相应的调查问卷做调研。实际上下一步我们也要做这个工作。要把一些想法，一些要做的标准，发到一些权威机构去做调研。

梁盛平博士：

2016 年编纂的《绿色再发现》主要从图像学的角度切入。按照贡布里希的图像学理论，头脑里首先有美的样式思维之后，在大自然里看到同样的景色，就会觉得很美，这就是美的再发现。"色"主要是图像的概念，《绿色再发现》这本书首先讲什么是绿色图像，这本书里的图像是真实而美丽的，甚至是人们诗意栖居般生存的，给人们描绘了一座真实的美的城市的视觉图景。以这个美的图像作为新蓝图建设一座美丽的城市，这就是新区的未来城市的构建。怎么做呢？从识别开始，而后规划和实践，贵安新区的绿色本底很好，在自然没有被破坏的前提下，建造一个与它适合的新兴城市，这是一个未来有机生态城市的模型。对于《绿标再发现》，通过对比标准找到贵安国家级新区绿色标准的定位。传统的城市发展样式都不完全适合贵安新区，新区应该是一个后城市化的典范，代表未来生态城市的样式，必然有一套相对新的质量标准发展体系。

贵安质量发展报告可以从美丽乡村、数字社区，绿色产品和小微企业这几个方面，抓住新区重点和特色概括。我们一定要从国家级新区绿色发展的标准来要求，不走传统城乡统筹的路子，国家级新区按照国家的战略定位要代表的是未来型城市质量。面面俱到也不现实，围绕国家级新区的美丽乡村新型社区的城乡基础该是什么样子？国家级新区作为未来城市，其中乡村社区有什么标准？乡村社区是城市中最重要的终端组织，是全城质量的完整组成部分。新兴城市终端组织必然含有乡村和社区两个部分，在贵安主要体现为美丽乡村和数字社区，另一个就是绿色产品，这是无论城乡都需要的，再有小微企业，我们在社区乡村重点要抓的是"双创"这一块，体现的是小微企业。《绿标再发现》较《绿色再发现》要增加一个总的构思和想法思考，什么是绿标？对以前的绿标做评价，对传统的做法做一个评价。还有绿标的规划，尽管不一定实施，但有可行性。绿标包括我们已做过什么，正在做什么，未来打算怎么做。规划代表未来，识别是对过去标准的评价，这也相当于把贵安新区的绿色标准素材分了类。什么叫国家级新区？它不是传统的国家级经济开发区、国家级高新区，也不是建制的行政市，而是新兴城市的前奏，国家级新区既有产业经济也有城乡统筹。

　　有两个方面需要综合考虑，一方面是国家质量体系本身板块的架构，这个是我们共同认识的一个基础，要有贵安新区与众不同的、创新的地方。另一方面是大家所认可的核心指标，贵安新区的特色指标。质量本身就是量和质的关系，从量变到质变，量的积累才能到质的报告，所以绿标主要是体现在纵向的比较上需要大量的素材，横向上就是要产出的不同区域因地制宜的质量标准。《贵安新区质量发展报告》和《绿标再发现》这两本书的逻辑与现实的冲突在：贵安新区的绿标如果和其他地区的一样，那么就不能体现自身的水平；反之如果绿标做得有引领性，别人反过来看我们的实践，至少在区域标准制定上是有引领发展价值，有国家发展效益的。

第七章

生态文明建设模型实验室（三论）

新城观点：生态文明建设关乎人类未来，关乎各族人民绿色家园，需要建立包含制度、技术、政策、产品等生态体系。探索生态文明建设充分运用大数据工具，用实验室办法系统研究模拟建设前、中、后效果，不断矫正，使之更加科学。建议首先要以人为本；然后用科学的方法，进行综合评估；最后在实施方面，把人的感受加在模型里会更有效果。

生态文明新城在科学方面在世界范围内要有一定的发言权，比如贵安新区，作为一个新区新地方，可能就给世界输出了一个新的生态文明模型——贵安新区模型。

关键词：生态文明建设　数字模型　实验室　构建

第一论　生态文明建设数字模型实验室构建研究

（第 36 期，2018 年 3 月 25 日）

摘要：这期博士微讲堂（总第 36 期）围绕"生态文明建设数字模型实验室构建研究"的主题，邀请了国家"千人计划"专家曲兆松博士主讲（被生态文明实验室构建研究吸引而来），同时还采取了视频邀请外地的专家参与的模式共同探讨。本次讨论从模型的架构、模型的名称、模型的演变、模型构建的原因、构建模型的主线和原则等方面展开。陈栋为博士围绕贵安新区水资源环境和污水跨流域排放的情况做了分析，并提出了用模型分析消除可能存在风险的建议。杨秀伦提出模型构建要考虑产业选择和产业平衡及相互作用。支援博士提出各要素之间的运作机制是建模的关键。白正府博士提出模型里一定要考虑当地人的要求，不再出现高新产业与贫困环带现象。张金芳提出实验室要延展到各领域。祝婕同志提出生态与发展和谐共生的关系要在模型中体现。

最后，曲兆松博士根据自身的研究实践，结合大家的讨论提出四个方面的建议：一是做任何生态文明工作首先要以人为本；第二最重要的是科学的方法，要用科学的方法对它进行综合评估；第三是在科学方面，我们在世界范围内要有一定的发言权，比如贵安新区，作为一个新区新地方，就给世界输出了一个新的生态文明模型——贵安新区模型；第四是在实施方面，把人的感受加在模型里会更有效果。

相关讨论

梁盛平博士：

首先我介绍一下，今天我们有幸邀请到"千人计划"的学者，清华大学博士后，北京尚水信息技术股份有限公司董事长，大生态专家曲兆松（小爱因斯坦的弟子）。因为贵州正在举行贵州省人才博览会，特别是对接大专家到基层，我写了一个关于"生态文明数字建设模型实验室构建研究"的课题，曲博士觉得比较对口，就过来支持帮助我们，所以邀请大家过来召开这么一个会议讨论。同时我们也邀请了贵安新区大数据办张金芳主任，中电建集团陈栋为博士，贵州民族大学白正府教授，贵州大学经济学院支援博士，开投集团战规部长助理杨秀伦，环保局祝婕等。

今天也是我们博士微讲堂总第 36 期交流讨论会，感谢各位百忙之中来参加本期关于"生态文明建设数字模型实验室构建研究"的讨论。我们希望借这个机会相互学习和交流，每个人的角度不一样，想怎么讲就这么讲，我们的宗旨就是跨界交流，坚持"政产学研资媒用"。

我们主要讨论的就是生态文明建设怎么用实验室的方法，系统学的方法，多学科交叉的方法来构建一个系统、一种构架，这相当于理论到实践的一个中间环节。我自己到研究院之后，就感觉生态文明这块工作，大家都知道又不知道，就好像有抓手又没有抓手，总觉得什么都重要，但又什么都不好抓，又觉得必须抓。我们前段时间跟水利厅的厅长还有几个专家一起讨论，他也长期在思考这个问题。上次他介绍了一个黄河实验室，我觉得在他那里受启发很大，黄河实验室是对单一的生态流域进行三个模型的构架而建的实验室，这触发了我们的灵感，城市能不能也这样？对一个城市，它也有原始的生态本底，那么在建设中它也有个动态建设的矫正过程，未来还有一个健康生命模型期待。城市也是一个完整的生态，关键是中间动态模型，就是在开发建设过程中，最好在原始生态本底和未来健康的模型之间有一个动态模型，这里不妨尝试用实验室的办法提出一些政策建议，这个政策建议有利于矫正中间这个模型（建设过程中）。

我们当时也把这个构想写出来了，早期写得比较粗略，内容涉及模型的构架、模型的名称、模型的演变、模型构建的原因、构建模型的主线和原则、模型的架构、生态文明的建设方案，我们想把贵安新区就生态文明建设研究先行实验室模拟，用实验室的办法提出建设策略等。我们有一个很宏大的构想，但是在实践过程中可以分步走。

对我讲的这个想法不知道大家理解了没有，我们也希望去破题，但是现在还没有破题，所以现在大家围绕这个来讨论，大家请自由发挥。栋为博士原来是环保局的副局长，对贵安新区很了解，我们先请栋为博士谈谈他对"生态文明建设数字模型实验室构建研究"的看法。

陈栋为博士：

大家好，我先来说一下。相对来说我对贵安新区有些了解，首先新区的位置比较特殊，它是在几个饮用水源地的中间，它的下游是花溪水库，上游是红枫湖，是贵阳和贵安的大水缸，它就在两个水环境敏感区的中间，所以它的发展就受环境倒逼的制约。贵安新区在成立之初就以生态文明为定位，以低冲击开发为理念，出台了一个负面清单制度来限制高污染高能耗的企业进入，新区的产业主要以大数据、高端装备制造、大生态、大旅游等相关产业为主。

我就在想，贵安新区关于模型实验室这一块，对水的要求方面，首先贵安新区要面临人的聚集，它的污水排放（工业废水、生活污水的排放）没有一个安全的去处，它不能往上游排，也不能往下游排，虽然下游花溪水库饮用水功能取消了，但是它的水质目标是没有降低要求的，所以对于模型的构建的话，它的水质构建是很重要的一块，这是第一。第二就是我们通过这个模型，希望能够给贵安新区污水的排放提出一个合理的去向，新区主要是在清水河流域，也就是南明河的上游，如果贵安新区的污水能够跨流域排放到猫跳河流域的话，对整个下游南明河的水质达标，包括下游花溪水源保护区的水质目标理论上是非常好的一个方案。但是目前采取的方式有一个比较大的问题，南明河的水质目标是 III 类，目前是 IV 类，环保督察时要求整改，在 2020 年之前各污染物浓度要降低 20% 以上。如果贵安新区的污水接着排放下来，那么这个目标是很难实现的。如果我们这个模型能够模拟出来把污水跨流域排放到猫跳河流域，或者在流域内部排放到下游，对下游会造成更大的污染负荷。如果能够通过模拟比较出这两种方案哪种是最优的并提出建议，以彰显模型的作用，解决实际问题，将是很有意义的。

对于模型构建，新区要成立初始模型，建议通过遥感手段，或通过大数据的采集、前端互联网的结合，把新区的现状，包括水量、水质、生态、大气、土地资源利用的变化等所有要素，全部整合到一起，建立一个大的全新的数据库，然后在数据库的基础上提取一些有用的信息加以计算，提取我们需要分析的指标，使专项的系统能实现专项的功能。比如在环保这一块，可以给它专门开发监测水质大气预警的系统；国土这一块，针对国土资源的监测，结合无人机或者微型遥感来分析违章建筑、乱搭乱建等；动态发展这一块，我觉得可以通过搭建一个大数据的平台来进行动态的监测和实时的调整，最终建成的健康生命模型是比较合理完整的指标体系，能够衡量新区的健康指数，我大致先说这几点。

梁盛平博士：

我插两句，栋为博士前段时间作为中电建"清水河流域综合治理"项目负责人，获得了国家发改委表彰。贵安新区现在所在位置是贵阳市的上水下风区，也就是贵阳市的水源是在贵安新区，但是以前的化工是放在我们这边的，因为它是贵阳市的下风区。上水区就涉及清水河，清水河就是跨流域的，清水河流经贵阳市老城，然后往下走，它的上游在贵安新区这边，治理确实很重要。其实贵阳市最担心的是成立贵安新区会破坏水原有的生态，尤其是水污染。贵安新区在一个生态敏感本底又相对好的区域，所以水的治理、保护、建设、管理确实要求很高，这个项目是省发改委委托他们做的，最后还拿到了国家发改委的试点，实际上是一个典型。很多国家级新区现在经过很多城市的第一轮开发之后，现在都会去生态敏感区搞开发，因为以前生态不敏感又平缓又好建的地方都找完了。贵安新区就是这样，省里面一直想开发建设这一块地，但一直都有很多阻力，最后还是不得不把这块地拿出来用，所以它的生态要求很高。

杨秀伦：

我看这个模型的架构，前面都没有太大的问题，更多的是陈博士说的这个，从天文、水文、森林资源、人口、矿产包括能源结构这块，我想就最后一块说一下。实际里面涉及产业、科技之类，刚才陈博士也提到贵安建设生态文明示范区，这个和产业一直存在矛盾。虽然新区的产业目标是很清晰的，五大产业我们都要做绿色环保产业。但坦白讲，在实际操作过程中，总会遇到一些可能跟要求不是完全吻合但是最后还要想办法把它落地的企业，尤其是绿色产业，现在它离产业化还是有距离的，马上来就能产生经济效益也比较远。但是新区成立以后还要解决就业的问题，所以最终要做一个平衡。从开投公司的层面来讲，我们确定了"三大一新"，叫作"大数据、大文旅、大健康、新能源新材料"，我们最终还是以这几个产业为主导，现在也加了"军民融合"。当然首先大数据这一块已经有较大的影响力，新区也有很好的基础。大学城也好，高端园区也好，从2017年开始，在大数据版块有一些企业落地了，有些已经找到商业模式的方向了。另外大文旅方面我们成立了文旅集团，现在也在重点开发建设，尽量依托新区的人文条件，像高峰山那一带，在不破坏生态的情况下精心积极打造。大健康方面我们也成立了生物科技产业园，目前还在建设当中，主要以研发、生物科技、实验室研究和大学城合作为主。新能源新材料方面的代表就是新能源汽车了，这是我们开投公司目前最大的一个项目，投资50亿，我们还要做产业链一体化，从发电端到储能端到制造端，还有后面的数据端整个产业链都是按照绿色化、高端化、集约化的要求来做的。所以我想在建立模型的时候，怎么把已经做和没有做的体现在工业产业的选择上，甚至为以后再做平衡的时候提供决策建议。

支援博士：

我就想到什么说什么吧，思路可能有点散，我的一些看法可能都是比较偏向学术研究的，在落地的时候不一定对，也可能是无法实现的，大家就听一听。确实现在环境问题很严峻，特别是结合这个构想的模型，里面已经有了很多指标（因素），概括得很全面，从自然到人文都有了，在建立模型的时候我就想是不是要核算好有多少"家底"（已有的因素），以及这些因素是怎么运作的，它们有什么样的运作规律，又是怎么互相影响的。这些水文、土地、矿产等自然因素，跟人类社会的人文因素之间有什么样的运行规律，作用机制是什么。掌握了这个机制，模型就好建立了。如何利用这些规律机制来对现状问题进行解释、评价，以及未来的预测和未来如何改进等。城市和自然之间的物质流动、能量流动，可能可以借助现在已经有的一些模型，比如水资源的流动模型。

刚才陈栋为和杨秀伦说的环境问题，我觉得如果从学术研究的角度来说，经济或者管理方面有一个功能就是为我们要做的事情找一个角度，证明它是比较正确的，比如说我们要限制高污染的产业进入，或者是污水处理。那么我们可以核算一下，为了保障它不受污染，我们放弃了多少，或者说我们需要投入多少，这相当于一种机会成本，然后我们就可以做一种如果把污染排到哪里，或者跨流域排放，跟它进行一个类似于碳排放交易、排污交易等的合作机制，当然这是从学术层面上来说的，可能比较理想化，在现实中操作中可能会有很大的阻力。我们想要建立一个新的产业，或者引入新的污染处理技术、替代技术等，需要花费高额的费用，就需要"忍痛割爱"，损失很多利益，但是我们可以把它做成一种机会成本，为了环保，相当于前人栽树，后人乘凉。然后国家还可以适当给予一些生态补偿，国外就有这样的先进案例和经验。

梁盛平博士：

支博士说得很好，我觉得他对水思考的比较多，他也是研究这一块的。贵安新区水是一个很大的痛点，我们花几十个亿准备跨流域排放，直接排到南明河的下游。双管排放这个研究论证了很久，因为有专家提出怕管子会渗水，渗水之后对土壤也会有污染，所以我们采取双管的办法，一根管子有问题，还有另一根补上。这个投入很大，跨流域这个工程现在虽然坎坎坷坷，但也在全力推进。关于"水"，新区确实研究了很多，投入了很多，下面有请白博士。

白正府博士：

好，我说一下，像刚才支博士讲到的，经济学上很多东西还是没办法落地的。比如碳排放交易，因为不同地区情况不同。刚才我看发展理念讲到"五位一体"里面有生态文明、文化、政治、经济、社会这样几点，然后五大发展理念可能对于我们这边是一种政治性的约束。一碰到污染，在贵州就很敏感。在我们老家那边，有一个天能电池的企业落户了，产生了很大的污染问题，一方面是对公园有污染，另一方面对水也有污染，但是我们那边是让它先发展再说，因为对经济追求渴望比较大，对环保方面关注得比较少，这就跟当地的领导对上级政策的贯彻和当地村民的关注点有很大关系。

在这里如果我们建模型的话，只要是能够数据化的东西都很好建，最后归结起来就是一个数学问题，关于数学问题可能我们很多人的数学功底没那么好，模型不好建，但是它最终是能建的，而现实当中这个东西没办法落地。我感觉是不是需要换一个思维方式去思考问题，这种问题是我们搞的生态产业、生态文明园区，包括生态文明研究院，到底是谁在搞生态文明，是谁在享受这些东西。因为我们讲到发展的时候，讲到产业，绝大部分不是从我们贵安新区本身内生发展出来的产业，都是从外地引进的产业。刚才杨秀伦也讲到，什么都好的企业为什么会来贵州，什么都好，是我们这些人从表面看到的，另外我们也应该了解一下当地村民的要求，因为他们本来就生在这个地方，成长在这个地方，他们对经济有些什么要求，有什么想法。

我看了一下构想的模型里面讲到人文，但是没有涉及当地村民或者农民他们自身的要求及他们当前的经济水平。现在我们想设置的这些绿色产业都不是他们能够参与的，也不是他们自己内生就能创造出来的，这就如很多高科技工业园区，在园区的外面，老百姓生活与园区没有直接关系，一边是高科技另一边老百姓生活相对贫穷，而我们的发展归根结底是老百姓的发展，是人民的发展。

我想我们的模型能不能把当地居民的现状加进去，比如他们的人均收入水平是什么样的，他们的收入是从什么行业来的，像刚才杨秀伦讲的想引进的那些产业，可能跟他们关系不大，有时候想把他们招聘到这个企业来工作，有的可能还达不到相关的要求。我们新区应该办一些企业，就办那种创新、协调、绿色、开放、共享的五大发展理念约束下的当地村民能够参与进去的，有利于他们提高的产业，我觉得应该从这样的角度入手，否则的话，一方面有很多的高校，研究的都是世界一流的学问，另一方面周边都是贫困的地区。像上海就做得比较好，把周边都带动了，这种发展模式就很好，所以我觉得贵安新区的发展是不是需要考虑一下当地实实在在的像支博士说的"家底子"是什么，在这种可能性之上我们再探讨绿色、创新、协调、开放、共享，如果我们只引进高大上的产业，可能与当地人是矛盾的。好，我就从经济学角度说这些。

张金芳：

我看今天的主题是"生态文明建设数字模型实验室构建研究"，这个题目还是挺大的，结合我理解的文明和数据以及模型之间说一下我的思考，但是还没形成系统的东西，所以也想借此跟大家交流交流，理理思路。我个人理解的文明，首先是和谐，国家也提出来和谐是一种理念，提出五大理念实际上是目标，不是手段。怎么实现和谐呢？自然不会实现和谐，但智慧可以，我这里说的智慧不光是说人的智慧或者动物的智慧，一切能够自我调整并维持自我存在的机制就是智慧。各个生物都有智慧，每一个生命体都是有智慧的，但是一个地区的生态它也是有智慧的，把一个地方破坏了但过一段时间它又恢复了，就像我们身体上某个地方受伤了又自我愈合了一样，从这个角度上看它都是有智慧的，也就是说它能够自我恢复到原来的状态的能力，就是智慧或是智能。这时就要说一下我们的大数据，它用在这里面能够起到两个作用，一是现在有两个网络，这两个网络就相当于人身体上的感受器和传感器，现在的网络只有传输功能，没有计算功能，没有实时的智能功能，这种智能还是靠人为控制的，也就是说，我们人的神经系统也是一个数据网络，但是人的神经系统是有反馈、计算、智能的。它把数据的传输和数据用来干什么的网络接到一块去了。

所以我觉得我们的生态模型要建立一个能够信息正常合理有序流动的结构。就像生命体一样，我们不能把脚上的信息传到胃里面去，这种传递是没有用的，它应该传到它的平衡系统里面去，也就是说我们的社会以后网络很大了，信息很透明了，但是信息流向不一定合理，所以我们把这个信息流向合理化了之后，整个社会网络就自动有了智能。河流森林本身没有神经系统，但是我们在数据网络的情况下对它赋予神经，它就有了神经系统，就像河流一样，你往里面倒污染垃圾的时候，它有"痛觉"了，这个"痛觉"应该给谁？环保部吗？不是，是给贵阳市用水的人，所以信息的正确流动是整个社会智能的，而不是说我们要建一个集中的管理，一定是一种没有控制的控制，只要信息流动起来，它们就能实现自动控制，用老子的话来说就是"无为而治"，不是说我们什么都不作为就治好了，是说我们把信息的流动结构记好了，它就自动治理了。

我的思路基本就是这样，但是这里面的东西我还没有理清楚，所以说如果建一个这样的模型的话，我觉得是一个"信息结构化流动模型"，这是核心的，那实验室是什么样子呢？这个实验室可能是一个整个社会的实验室，我们不是在屋里建一个实验室，一定是在某一个区域，把这个区域的全部要素，包括各个组织、各个人建立起来，然后把他们的信息正确地流动起来，让他们透明化，整个体制就好起来了。

祝婕：

我就简单谈一点关于模型构想的思考。因为经验理论不足，可能有一些误解，请大家指正。首先是我们环保局在这几年关于新区的生态环保做的一些工作，举个例子，从水来说：我们设有自动监控设施，2017 年一年水质断面是可以达到全年 III 类水体的标准；大气的话全年优良天数可以达到 90% 以上，这可以说是新区现在的生态优势和生态底数。那么从环保督察开始，我们现在做的一个工作就是把饮用水源保护区里面的工矿企业拆除，目前已经拆了60家，其中还有几家做化肥的企业，这些污染是很大的。

我对模型的基本框架有一些看法，拿红枫湖来说，我们准备打造一个樱花园，这是新区大旅游的一个趋势。那么一方面我们在里面不断地减压，把里面的工矿企业削减，另一方面我们建设大文旅，但从另一个角度来说会带来更多的人流量，更多的人流量就会带来更多的污水，更多的车辆，更多的尾气，所以在这个模型里面应该去思考生态和发展如何保持和谐共生的关系。

曲兆松博士：

首先谢谢梁主任的邀请，非常荣幸有机会到贵州来参加这样一个活动，今天借这个机会在这跟大家一起学习。在座各位都是当地专家，对当地的情况很了解，听了大家介绍的一些情况之后学到了不少东西，让我很受启发。因为有时候做一些事情，常常是闭门造车，可能有些东西都是在纸上谈兵，但真正要到地方上去解决实际问题时，就像各位刚才说的会遇到各种各样的问题、困难和矛盾。针对这个整体的模型构想我也做过一些思考，有些东西可能比较虚。看了这个文本，其实对生态文明的意义和重要性这块都讲得特别清楚透彻，大家也都很好理解。2014年的时候我就来过贵阳参加第二届生态文明论坛，请了很多知名的专家、院士，那时候就提生态文明，实际上是提的很早的，但在怎么做这件事上面这么多年一直在做深入的工作，也做出了不少的事情，包括贵安新区要建成生态文明示范区。

那我就四个方面简单说一下：首先，就是理念，我个人的理念。我认为任何生态文明首先要以人为本，实际上就是说我们提出生态文明这个概念并不是说我要保护地球，然后让一切回归自然，回归自然的目的我想强调的是还是为了我们人类生活得更舒适、更和谐、更美好，建一个美好的家园。这个当然取决于我们的立足点，是以个人，还是以整体的人类，是以这一代人，还是未来人类的长治久安？这是各有各的想法。包括现在建任何一个地方都讲千年大计，那就说明实际上我们的目标是非常长远的，不是一个短期目标，我们要为子孙后代去想一想，那么同时我们不能光考虑我们自己。刚才各位也有提出来的，就是有些时候好多问题并不是说我们只解决自己的问题，会发现有很多矛盾。所以从理念上我还是想首先我们的目标是让自然与人和谐。

其次，我想强调的是我们现在以人类能够看得到的一种手段来说，最重要的就是科学的方法，没有科学的方法，复杂的问题是很难处理的。我觉得近些年来，咱们的传统文化里面有一点就是特别在乎灵感，我们的决策好多情况下是取决于人的一种本能去处理事情，大部分领导决策都是领导凭自己的大智慧然后做出方向性的指导，这个其实是没错的，在效率上是非常高的，它不需要做很多的调研，很多的运算，最后大家开会讨论可能领导一拍桌子这事就成了，效率非常高，但是我们又不得不说，这种灵感的决策其实也带来了一些很大的风险，它跟我们的以人为本、和谐的理念其实是有一定的冲突的。因为依赖灵感的方法，毕竟考虑的问题没有那么周全，在大方向上可能是对的，可是长期下来就会带来很多细节问题，而如果我们过于依赖这种灵感决策，本能决策的话，而在接下来执行的时候不用科学的方法去论证、去研究、去把它往正确的方向扭转，就像刚才张主任也提到过的：智能化的它能够自己修复，那么大方向是对的情况下它能自我修复，如果做不到这一点的话，它就会带来灾难性的后果。所以这一次建立模型，我觉得方法上，我们必须强调一定要有科学的方法，忽视科学的方法，什么都拍脑袋，会带来很致命的问题，它会影响我们的效率，短期上的效率会非常高，但是从长期的核算成本效率上来讲，很可能带来不可恢复的后果。尤其是生态，它最大的一个特点就是它是个缓慢的过程，一旦发现它出了问题的时候再修复，就不是一个简简单单修复的过程了。所以还是希望在生态这个问题上，我们确保大方向是正确的情况下，还是要依赖科学，要用科学的方法进行适当的论证，要对它进行综合的评估。

再次，我想强调的是我们现在在科学上，其实主要是文艺复兴以来科学的方法论引导对我们的影响是最大的。现在也有很多媒体在诟病中国，说我们给世界输出的科学方面的文明太少了，与我们这样的人口大国是不成比例的，这个我觉得我们还是必须得承认，的确是这样，因为我们是在学习阶段，我们没有经过西方的文明启蒙阶段，这方面的学习上我们是有欠缺的。那么经过了这方面的学习，尤其是改革开放 40 年以后，我们的经济体量让我们已经成长到有这个资格、有这个能力在科学方面有一定的发言权，这个发言权主要还是来自原创，可能在原创的创新方面我们会少一些，但是我们有个很大的优势就是有很多科学的方法应用到我们这么大的一个经济体，这么大的一个国家里面，比方说贵安新区，它是作为一个新区、新地方，全世界很难找到这么好的一个地方去做试验田，而如果我们把一些科学的方法用到这个地方，踏踏实实地去用，去分析，去解决问题，可能我们就给世界输出了一个新的模型，就是贵安新区模型。这个模型怎么去指导后续的"一带一路"上的其他国家，这就是我们能够在科学方法上能够做的。这个里面其实最重要的一点就是我们必须针对我们自身的问题去做一个研究，做一个案例。

最后，我想讲的是在实施方面，我们真正要建一个这样的数字实验室，我觉得这是一个非常有前瞻性、也是非常有理想非常好的事情，所以当时就特别感兴趣，就想过来交流交流。我们把贵安新区作为一个模型实验的场所，把一个科学的方法运用到这个地方去，真正地通过我们自己的一些探讨和研究的努力，也许五年十年我们就贡献出一个真正的贵安新区生态模型。怎么去做，其实梁主任给的这个材料里面从理论意义上我们都清楚地知道了，但是在实施上的确存在一个问题，因为这是一个新东西，这条路怎么去走，我们每一步迈出去实际上相当于是我们去问所有人这一步该怎么走，别人也不知道怎么迈，但是大部分人都是你迈出去之后，你这一步踩出来新问题的时候，他会根据过去的经验告诉你，这些问题可能是因为什么什么，那么你接下来下一步再继续走，但是每一步要怎么走还是在当地群众。

其实从我们搞水利的角度上来讲，有一种说法：做物理模型的人他自己是不相信自己的结果的，但是外人是接受的，因为它已经很仿真了；而做数学模型是你自己觉得这个东西很可靠，因为你是根据物理定律和实际输出的一些数值、边界条件，最后处理得出了结果，可是有个问题——外人是不相信的，因为外人觉得你这个东西拿个计算机算一算就能得出了结果，不可靠。所以在研究上就存在一个问题：我们希望的是在科研上一定是它的信赖依赖于可重复，并且结果是可验证的。数学模型很多时候就存在一个问题：拿历史过程上很多的数据来做反推，得不到跟历史实际相一致的结果，它这个问题出现在哪里呢？还是一个实际中影响这些的边界条件，影响事情发展的时候它的因素特别多，我们通常只抓住了主要问题，但是其实次要问题可能带来的影响跟人为带来的误差和偏差也是不可忽略的。

特别是咱们现在谈的所有东西都是科学的，刚才张主任还有其他专家也提到过，其实人的感受也是非常重要的，特别是放在一个社会的问题上，生态文明重要的就是我们理念上既然是以人为本，那么人的感受是很重要的，人的感受一旦上来了之后就有个问题：就像说这个水是一样的，咱们可以说我这个工厂排出来的水是没有问题的，可是老百姓就觉得有问题，他们就觉得一个化工厂放在自己身边，心里不踏实，这实际上就是一个感受。还有一个就是说咱们刚才提到的新能源汽车，打个比方，好像只要提新能源汽车，就很容易报批，但其实从大范围上讲，它的电从哪里来？其实电池污染也是非常严重的，并且这种污染属于电子垃圾，它带来的污染也是不可控制的，只是现在我们周围大部分的老百姓可能体会不到，老百姓最容易体会到的就是垃圾处理厂很糟糕，化工厂很糟糕，但是实际上他并不理解有些新型的高科技企业带来的污染和危害可能也是非常严重的。如果这些问题前期能预测并解决的话，再把人的感受加在模型里，加在自己的引导上的话，那可能在对推行有些事情上会更有效果一点。这样的话就会带来另一个问题：模型太复杂了，可能搞不定。我看了一下资料上写着我们的目标是准备跟百度公司合作，这其实是很有利的一点，有可能就把这个模型的架构搭得高一点，目标放得长远一些，把模型的复杂度提升到一定的难度。那么复杂度就是首先如果单纯从水的物理或者化学的角度去研究相对来说比较容易，国外的模型几十年的经验都有，我们现在无非是把这些模型做成一个吻合当地实际的资料而已，但是一旦加上社会问题，咱们和国外的社会问题和实践就不一样了。结合几位专家提的观点触发了我一些小的想法，我自己对这个模型的认识大概就说这些。

梁盛平博士：

曲博士的视野很开阔，思维很严谨，详细地提了四点建议，讲完之后对我们有一个很大的启发，我觉得收获很大。

由于时间的关系，今天的讨论会到此结束，希望下次可以有更好的交流合作。再一次感谢曲博士关于"生态文明建设数字模型实验室构建研究"给予的意见与建议，同时感谢大家的参与，也期待下一次的交流讨论。

第二论　生态文明建设研究成果及生态文明技术推介展

（第 37 期，2018 年 4 月 13 日）

摘要：这期博士微讲堂（总第 37 期）围绕"生态文明建设研究成果及生态文明技术推介展"的主题，邀请了贵州师大喀斯特生态文明研究中心、贵州民大环境工程学院、贵州省社科院、贵州财大绿色发展研究院及贵安新区相关部门共同探讨。

这次主要讨论一下近期有关贵州生态文明研究以及生态技术情况，探讨研究趋势和计划在研究院进行常规展并尝试形成新技术推介平台。罗权博士正在进行"贵州生态文明回头看""贵州生态文明建设对策研究"；张为博士正在研究"环保污水处理技术""石阡苔茶立地生态系统研究"；陈鹏宇认为此次展示点展示的内容应该聚焦贵安，兼顾贵州和西南地区；周欢博士表示省社科院刚完成"贵安新区绿色发展研究报告"；陈栋为博士正在进行水处理技术、污泥处理技术，及利用大数据建立的两山智慧云平台的研究，并愿意提供最新微型水处理设备展示；同时新区相关部门也交流了正在开展和已经完成的生态文明建设有关成果。远在北京正在研究"生态文明建设数字实验室构建"的曲兆松博士通过清华大学表示愿意提供他已经完成的有关研究成果和生态技术给研究院用来推介展示。

相关讨论

梁盛平博士：

贵安生态文明国际研究院运行半年以来，按照生态文明理论研究和技术推广应用服务平台的职责，研究院一手推进理论研究，一手推进技术应用。此次讨论的目的是了解贵安新区相关部门、贵州省，乃至西南地区生态文明的一些研究成果、生态技术和发展趋势，比如，生态环境修复技术、生活垃圾处理技术、污水处理技术以及海绵城市建设的综合技术等已经成熟和正在研发的优秀成果，希望大家能够积极提供，我们后续也会向大家发函，统一收集，研究院就起到展示推荐的作用。今天希望大家能够提一点意见建议，同时梳理出一些已经完成的或者即将完成的优秀成果，也可以谈一下生态文明研究趋势。前不久刚参加完首届国家生态文明试验区建设（江西）论坛暨生态文明建设技术推介会，这个会议规模比较大，其中生态文明建设技术推介效果不错，也希望我们能够借鉴一下。先请来自贵州师范大学生态文明研究中心的两位专家谈一下。

罗权博士：

　　贵州师范大学喀斯特生态文明研究中心，成立于 2009 年，算是全省以生态文明命名比较早的，主要目的就是集学校之力申报人文社科重点基地，但是目前这个申报还在筹划中。我们中心的定位是文理兼容，我个人认为生态文明是很宽泛的，可以容纳很多专业，包括历史地理信息、矿业、农业、经济、环境等方面，云南大学的一个老师每一年都要从历史的角度开展生态文明学术研讨会，且有一定的影响力。我们院的专职人员研究才刚刚起步，但是我们中心也邀请了很多优秀的专家。项目方面，2017 年接了一个环保厅的"生态文明回头看"的项目，主要对贵州生态文明建设的历程有一个回顾，目前在进行 3 个国家生态文明试验区（江西、福建和贵州）的对比研究，以及对国家出台的《国家生态文明试验区（贵州）实施方案》实施过程中的重难点进行研究。研究问题和挑战方面，贵州生态文明研究有很多薄弱点，一是贵州目前还没有一个非常有影响力的生态文明研究机构，主要成果也不多。二是生态文明概念是抽象的，贵州很多干部和群众都不知道生态文明建设具体该怎么做，目前我们就想针对不同的人群，编撰生态文明读本，让不同受众对生态文明有更具体更深入的理解和认识。三是生态文明技术的落地，更新慢。现在很多生态文明问题亟待解决，但缺少用在实处的生态文明技术，比如简单的塑料袋等白色垃圾怎么处理，目前还没有很好的技术。四是各部门信息不流通，大家都在关起门做研究。五是贵州的基础设施薄弱，比如做教育厅项目的时候，想做生态文明大数据，但是严重缺乏基础设施，大数据无从谈起。我总体的感觉就是生态文明涉及面广，不管从哪一方面都能做出很有意义的研究，但现在的研究还很薄弱，还需要持久的努力。

张为博士：

我和罗权是一个单位的，我以前是中科院研究地球化学的。我们中心年轻人居多，很多研究都还只是刚起步，比如还有一些环保污水处理技术，石阡苔茶立地生态系统研究等，我们整体就是结合各自的专业方向和贵州生态文明研究的需求，选择适合的研究。

梁盛平博士：

通过两位博士的介绍了解了很多，现在的确会有关起门做研究的，但其实信息共享很重要。你那边现在主要做两方面，一个生态文明对策研究，一个生态文明回头看研究，很有价值，还没完成不要紧，看能不能梳理出一个前期的纲要，100~200字就可以，介绍一下研究的目的是什么、解决什么问题、能产生什么价值、完成到什么程度等，注明研究单位，把这些成果展出来，告诉别人这个在做，作为一个研究的案例。你们可以简单地做一个贵师大生态文明研究中心的简介，挑一些比较重要的成果，这边有感兴趣的就可以跟你们联系，领导过来也可以了解到。我们生态文明创新园里清控人居和生态文明研究院两座建筑都是以生态文明理念建造的，包含了很多生态文明技术，研究院目前筹划的这个展示，主要是想利用研究院的廊道，做成一个常规成果展示（经常更新展品）和不定期开技术推介沙龙，这将会很有意义。下面请贵州财大绿色发展研究院的鹏宇来讲讲他的想法。

陈鹏宇：

刚才梁院长介绍得很清楚，我想从三个方面来说说我的想法，一是主要展示生态文明理论研究成果，这个需要系统梳理。二是刚才罗博士也说生态文明涉及面很广，需要聚焦贵安新区的成果，比如说海绵城市、绿色金融等，这些项目抓了很久了，应该是可以出书或者刊物等作为资料展示的。三是研究院成立的时间不长，成果还是不够，那么就可以借助这边的兼职研究员，比如我了解到的财大专家关于贵州经济史之绿色发展与检评的研究等生态文明成果是比较多的，可以梳理一下。总的来说就是聚焦贵安或者西南地区，我就说这么多。

周欢：

我们单位涉及的大部分都是纯理论的研究，所以不像罗博士那边文理结合的方式做得那么好，但是我们研究所有一个生态经济学的特色学科，我们去年也是以贵安新区为例，做了一个研究——"贵安新区绿色发展研究报告"，总结了贵安新区发展的环境分析、路径研究。所以我们这边能够提供的就是一些生态经济学的研究成果，因为贵安新区一直秉承生态优先、绿色发展的理念，以及产业崛起和生态环境共赢的发展模式，所以今天来我们还有一个目的就是想跟贵安生态文明国际研究院达成长期合作共识，把贵安新区作为我们不定期的调研的绿色发展的实验基地，因为生态经济学这门学科是一个连续性的研究，一个周期有几年的时间。贵安新区是生态文明示范区，我们也希望能够从调研中总结出一些经验以供其他地方借鉴、推广。

梁盛平博士：

这个报告很好，以贵安新区为例子的调研，可以拿过来给专家鉴定，作为贵安分论坛的成果展。下面就请新区的各部门来谈谈，现在做了哪些生态方面的工作，相当于信息共享交流，农水局的新同事回去收集一下关于农村、乡镇生态文明版块方面的内容，看一下有没有一些研究或者生态文明建设新技术的亮点成果，因为生态文明的目的是让老百姓有获得感。下面请环保局的同事谈一谈。

吴可嘉：

我们这边主要是向顶层设计生态文明实施方案，进行生态文明考核，针对实施方案对新区各单位进行考核，对考核的资料进行监督督促和统筹。专项计划包括三年行动计划（水、大气、土污染）防治实施方案。其他的一些成果已经整理发送给生态研究院的同事了。

胡琴：

因为我才抽调到经发局半个多月，目前为止我了解的情况就是产业招商、项目包装、招商的优惠政策，以及产业扶持资金还有承办重要活动这几块，产业规划、绿色经济等其他的情况我需要回去查询了解一下。

罗洪松：

我们旅文中心前期已经完成了贵安旅游资源的普查，这个是有成果的。然后在做的就是"贵安全域旅游发展规划"，这个规划已经提交到管委会了，还差最后的专家评审。这有点相当于旅游的专项总规，暂时还是直管区范围的全域旅游，目前出的就是这两项工作。

肖锐：

我是在工程处，建管处、海绵办跟生态文明方面都有相关的项目在推进。我现在的工作接触到的跟生态文明相关的也不一定是我们处室的，在审批方案的时候开投公司包括电投那边做的以及他们为数博会准备的腾讯七星湖绿色数据中心，我觉得这算一个点。还有就是产投那边新能源汽车的几个厂房，其中还有一个是涡轮叶片发动机的厂房，我觉得可以和产投那边对接一下，他们有很多这样的新能源项目。我们这边在做的还有刚刚提到的绿色金融港的项目，目前是由碧桂园牵头在弄，前天马书记还专门开了一个专题会议，对这个方案进行整体评审，现在具体是在方案阶段，这个方案具有很高的生态和低碳的特性，它不像其他的金融港，上个星期我们还做了一个绿色金融港项目的展板。其他的成果就是上次开会提到的生态文明博物馆，但现在因为一些建设手续问题移到规划艺术馆里面，几个馆合并展示。我这边还有一些细的东西需要回去再梳理一下。海绵办那边我了解的可能不太全，他们现在马上要进行中心区海绵城市的验收了。建管处那边跟生态文明相关的有两块：一块是绿色建筑。在省里面的标准出来之后，贵安新区自己还制定了一个绿色建筑星级评价的管理规定。第二个是发展相对慢一些的装配式建筑，这是技术方面的生态文明，他们一个相关的负责人今天还在长沙考察，项目催得比较急，但是要推动的话确实有一定的困难。其他的就是做了一些规划，编研中心那边有美丽乡村的规划、安平生态城。市政那边跟生态文明相关的就是城市综合管廊。我了解到碧桂园那边的很多楼盘，里面有很多海绵城市的相关技术，也可以政企结合，如果这些企业有意愿把他们的技术带到里面来做宣传的话，就相当于他们提供这种技术展示，同时也对新区宣传有一定意义。

梁盛平博士：

你这个信息量很大，实际上我就讲，一是回去看一下规建局的"大展板"，从规划到建筑再到项目，这样一些信息比较全的展板，在这个基础上进行筛选。最终做一个关于绿色的项目的展板，具体有哪些项目，项目在哪里，绿色项目的基本情况，以及相关的项目图。从工程项目这个偏成熟的角度，看一下有没有类似的图谱。希望你梳理一个类似工程的图谱，这样的话比较全面。之前已经展示的资料，我们再重新调整一下，重新做一个工程实施后端基本情况的展板。因为生态文明从研究到规划再到项目，最后就是效果，一般都是从这个垂直的角度来讲。从横向的话还有许多的产业等，从可观性方面整理。

肖锐：

梁主任，我们这边的情况是这样的，我们之前做的规划，刚刚做过一次调整，海绵城市的一些展板去年的时候就已经做过。是和中规院合作的，大部分的材料都由中规院完成，里面包含了很多我刚刚说过的内容。

梁盛平博士：

中规院做出的材料认可度还是比较高的，要把相关的信息发给我们，如果好的话，我们就尽量不去调整，在某个位置展示出来就好。接下来我们会向各个部门发送一个通知，收集生态文明的研究成果以及具体项目的建设技术。希望各个单位都多加关注，积极收集材料。接下来我们有请比较熟悉情况的杨秀伦发表一下观点。

杨秀伦：

我从开投公司角度介绍一些成果，肖锐刚刚所说的长江、立凯这些项目我们都能提供相关材料，我也是刚刚才从高端产业园过来。立凯这个项目还没有开始，土地征拆的相关工作还在进行。但是园区内之前做过类似的展板，有一些资料可以拷贝过来应用。从我们开投公司来讲与绿色相关的产业包括新能源、农投。其他板块，例如旅游，很多是和旅文中心重复的。最近我们在进行瑞士小镇的二期开发，如果需要，我们可提供一下相关材料。一期的商业我们已经进行了收购，但是客流量较少，我们希望以二期为依托，带动一期发展。我们从成都引进了一些新的项目，在原来的基础上进行拓展，相互取长补短，而且也要达到风格上的一致。但是由于项目还在讨论阶段。所以我们希望把重点放在长江汽车、新特汽车等新能源汽车方面，4 月 19 日在北京举办的新能源汽车展上，他们占有很大展位。数博会上也会以互联网与新能源相融合的形式展出。

梁盛平博士：

秀伦负责新能源这一领域的生态技术，肖锐负责绿色建筑技术这一领域，我们要以多种形式进行梳理，一个是新能源，这是贵安新区可以展示的。一个是绿色建筑，绿建也是多种多样的，例如，我们这种试验建筑、装备技术、3D 隧道。尤其 3D 隧道更是我们贵州的特色。农业方面，对老百姓获得感方面进行梳理。如智慧牧场等与大数据相融合的绿色技术，这就是一个很特别的点，我们要多抓几个点来说明情况。罗权与张为博士还是以贵州省层面的研究成果为主，陈鹏宇对绿色金融这一方面进行归纳。下面有请陈栋为老师做一下介绍。

陈栋为博士：

我有以下几个方面的生态文明建设技术成果展示。

第一方面是有关水处理的相关技术，农村污水处理的小型化的技术，它处理后的水质能达到一级 A 水平甚至以上，目前，平寨这里处理的工艺还是比较落后的，出水的质量可能还达不到一级 B 水平，可能也就二级排放的一个处理水平。我们达到一个这样的处理水平，如果需要实体展示的话，我们可以运过来，同时我们可以把它做成更小型化的。目前，我们已经将设备投入公众化应用，在威宁、遵义已经投入老百姓的正常生活当中，一个寨子，一百多户人家大概一次可以处理十吨污水。处理之后的水可以直接排放到自然界中，也可以回收利用，减轻市政管网的负担。我们这个设备的技术特点是 MBR 膜处理工艺，一方面将膜小型化，降低了维护费用。而且膜的使用时间长达十年。另一方面，小型化的技术针对企业，尤其园区企业如果有高浓度的有机废水需要处理的，可以使用这项技术，通过加强膜的处理工艺，使数据达标。这是有关水处理方面的。

二是有关市政污泥的处理，这方面主要是固化剂的配方，将污泥添加固化剂使土壤达到一个团粒结构，使污泥改性，可用来作为农用、绿化覆土等资源化再利用。现在贵阳市包括中国水环境集团，他们所管理的污水处理厂所产生的污泥量是特别大的，一天大概有两百吨左右。目前的处理方式就是填埋，乌当区高岩填埋场已经快填满了。我们现在在寻求合作进行市政污泥的处理。再就是，我们做了几个与大数据有关的平台，例如河长云，目前已运用于乌当区，这方面的技术我们可以在大屏幕展示。二期可以继续做河湖大数据系统，可以把河长制的六大功能集中管理。目前，省政府要求年前建立河湖大数据系统，这已经不再是一个简简单单的云平台，也不单是巡河功能，更重要的是利用大数据对河流进行管理。

最后是与大数据有关的生态文明技术。现在我们正在做一个关于两山智慧云的平台，其主要功能就是实现两山转化，就是绿水青山怎么转化成金山银山，通过大数据的手段来实现创新。我们的方案也基本成型，其结构主要是两库加六个平台，两库是指生态文明资源的大数据库，把整个贵安新区的自然生态资源禀赋建立起一个大数据库，把民生经济社会信息建立起一个大数据库。第一，在这两个数据库的基础上，进行生态与文明匹配度融合分析并建立平台。第二，构建价值评估平台，把生态价值量化。第三，搭建一个生态产业化平台，发展生态利用型的产业，实现生态产业化。第四，将价值通过生态产业化变成资产。通过建立一个生态市场形成生态资产的交易平台，利用平台化和大数据的支撑，实现绿水青山实体化转化为金山银山。通过这样的成果，推出理论创新。这不仅仅局限于理论成果，因为其与大数据所融合，还可以通过实体展示。我所讲的主要就是水处理技术、污泥处理技术、与大数据有关的生态文明技术这三个方面。

梁盛平博士：

我觉得整体还是很实在的，希望陈栋为博士重点研究一下生态技术，除了你刚刚所讲的这部分应用性比较强的实体化展示，包括成熟的污水治理技术等，都可以扩大范围去研究，技术这方面再认真琢磨琢磨，刚刚所讲生态文明与大数据是理论成果，可以展示。但重点还是要梳理一下生态文明的建设技术，探索性的、可以直接转化的技术板块要多费心，我们展区面积不大，还是以典型的代表为主。就像陈鹏宇所讲，理论展示与技术展示各占一半。能不能再梳理几个含金量比较高的实体展示，一个是融入百姓生活端的比较容易展示，还有与大数据融合的展示也是可以的。开投公司这边有没有可以用的，技术主要体现在应用。

杨秀伦：

之前和贵州省产业技术研究院、贵州医科大学合作一个循环农业项目，近期准备签订三方协议。这个项目是把秸秆、粪便转化为有机肥，然后在新区种植有机蔬菜。这个项目还在策划阶段，快的话，下周就可以完成签约。计划在新区找一个农村、园区进行试验，利用昆虫分解秸秆、粪便。

梁盛平博士：

这个从研究角度来看是比较成熟的，虽然还在策划阶段，但是技术是成熟的，已经走向应用。你们主要是在应用端点一下，研究端多一点分析。把原理通过图像的形式简约地表达出来。

今天的讨论会只是一个开头，之后我们还要从不同的深度探讨一下，之后我们会通知大家，让大家更加明白这些含义，收集成果然后展出。我们要举办的是一个小而精的展览，我们在这里点缀式的展出，大家可以边看边体验边对接，我们这里走的是中高端路线，不搞那些大型展会，主要彰显我们所展览的内容是择优而选的。

技术层面交给陈栋为博士来负责，比较亮点的技术层面的项目是新能源、循环农业。绿色建筑绝对是贵安新区的亮点，很多贴有绿建标识，但是只是个效果，还是要深挖具体有哪些特色的绿色建筑技术。由于规划层面比较宏大，我们就不多做展示。技术方面是重点要占二分之一，但理论研究成果这一块我们大家一起还是要好好梳理一下。有些应用得更好，有些具有前瞻性的也很好。我们计划在二楼进行展览，正好与研究院吻合起来。我们希望变成常规展。但是如果作为论坛我们可以根据领导要求加量，平时，我们也会定期更换。同时，我们也会在线上平台将其展出并推荐。

第三论　生态文明数字内容博物馆的设计讨论

（第 20 期，2016 年 11 月 25 日）

摘要： 习近平总书记在 2016 年 11 月 10 日国际博物馆高级别论坛的贺信指出，博物馆是保护和传承人类文明的重要殿堂，是连接过去、现在、未来的桥梁，在促进世界文明交流互鉴方面具有特殊作用。中国各类博物馆不仅是中国历史的集存者和记录者，也是当代中国人民为实现中华民族伟大复兴的中国梦而奋斗的见证者和参与者。

　　国内外专门的生态文明博物馆据查证目前还没有，贵安新区作为国家级生态文明示范区和三个国家层面生态文明综合试验区之一，依托现有的中国生态文明创新园中的生态文明国际研究院、嵌入式利用虚拟现实增强技术（AR/VR），创新设计生态文明数字内容博物馆（简称生态文明数博馆），研究院集会议办公、研究沙龙、教育科普、博览创新等功能于一体。为此，专门进行本次微言堂线下讨论。

相关讨论

梁盛平博士：

贵安生态文明国际研究院（简称生态研究院）室内装修已经基本完成，根据工作安排下一步拟植入虚拟现实增强技术（AR/VR）完善布置，要在有限的空间内进行生态文明数博馆体验式设计。今天要讨论的是现实可能性以及如何实现。

生态研究院建筑是由清华大学设计的，项目总用地面积 8654 平方米，总建筑面积 3664 平方米。它是未来中心区的一座重要生态建筑之一，是生态园体量最大的建筑，建筑物本身就应用磁悬浮空调、清风系统等十余项先进生态技术。

我先来介绍一下生态研究院室内空间。室内一层从主门进来，右手边有多功能会议厅、餐厅和厨房。左手边有咖啡厅、中庭、两个数控室、办公室等。中庭是个天井，采光很好。数控室包括新区未来整个海绵城市的数据监控显示。一层的咖啡厅以及过道、数控室边上一个单间加上一个大开间以及 5.5 米宽的过道，中庭及水池空间，共 300 平方米左右。立面可利用玻璃墙及水幕等。

二层可再利用的空间除了过道的墙面，还有办公区与住宿区之间的屋顶空间，估计有 100 平方米。第二层可展示的地方不多，主要展示会放在第一层。

可以说，生态研究院室内设计，可再利用空间小，作为兼生态博物馆的功能，设计挑战大，使用 AR/VR 虚拟增强技术、新媒体技术等创新的空间大。今天，微言堂里既有新区各部门熟悉新区情况的博士，也邀请到 AR/VR 虚拟技术专家、会展专家以及新媒体专家。

我认为，在有限的空间中，可以从入口处、过道、咖啡厅、小室内、大室内、水面、玻璃墙以及二层的屋顶花园等地方入手，展示新技术创新对生态文明的体验式设计。欢迎大家发言讨论。

潘善斌博士：

作为生态文明国际研究院，生态文明展览馆应是它的一个核心功能。刚才梁博士讲了，这栋建筑自身就是一个展示的载体。同时传统和现代技术上的结合，有比较好的亮点。

我谈点感受，第一次做是否要做得这么饱满。现在已经引进了海绵城市、清华新能源和生态扶贫等研究中心，后面是否还有科研项目进来，空间布局以及局部的利用是不是要做得这么饱满。刚才提到的白天进展览馆，那么晚上呢，第二层的玻璃天空顶上是否也可以利用。比如有些人晚上来参观，可以有一种时间的转换。春夏秋冬四季变换也应考虑在内，冷暖色的变化，在不改变第二层现状的情况下可以做一些亮化技术的东西。在内容方面，除了贵安新区自己的东西（主体），世界其他国家的呢？比如可借鉴上海世博会的做法，其他国家的一些亮点，可以吸收进来，体现国际化的视角。还有开放度的问题，现在贵安新区有很多好的东西，但利用率不高。生态文明教育，生态文明理念的传播，要依赖生态文明教育基地的作用。比如大学生、中学生，甚至幼儿园小朋友都可以来这里参观，从小种下一颗绿色的种子，所以应考虑对社会公众的开放、社会化的利用问题。还要考虑到领导、专业人士来参观，应该展示什么。布局上，要考虑建筑体本身与周边环境的协调问题。比如展馆外是传统的硬化路面，进到展览馆内却是两个天地，需要里外统一，缩小反差感，增强绿色的概念。最后，贵安新区的水是非常充分了，利用水元素的非常多（山水、园林、田）。其他的元素能否在某个区域体现一下，要有综合性。

胡方博士：

技术设计和高科技应用跟生态研究院结合得挺好，我现在有一个问题：整体空间并不是很大，整体设计的功能定位涉及实际的使用。比如近期是怎么使用，根据贵安新区的发展，将来在某个时间段怎么使用以及日常化应该怎么使用。如果新区发展得很好，可能这个面积不适合使用，将来可能需要扩大，那么扩大的空间要有多大？食堂和会议室虽可容纳 100 多人，如果真要在里面开会的话，交通不便，能不能在这里住，是部分住还是全部住？如果住不下，开会能开多长时间。这里的位置比较偏，所以功能定位需要好好考虑一下（长期或者短期）。

展示内容方面，山水是立体的，按我的理解应该包括地上、地下、地表，它这个空间是怎么对接的。我们讲生态的时候，不可能只讲一个层次，如果只讲一个层次，肯定解决不了问题。比如很多时候水看着是地表的问题，实际上是地下的问题。既然是生态展示，就要把立体空间的层次给展示出来，生态环境是实实在在的，立体的。人生活在一个中间层，而中间层怎么去影响上下。地下土壤里面的一些成分，通过水不断往上走，到了空气当中就变成污染。所以有些东西单治表面却治不好，根本问题是在底、土里面。所以环境治理最难治的是土壤和土壤底下的地下水。所以这个展示给做研究的人一个引领，意义会更大点。

潘善斌博士：

我刚才提到一点，展览馆的功能开放利用的问题，除了住的机构，包括领导、精英人士。还涉及如何引领绿色理念、文化甚至技术问题，这里有很多高科技含量的东西，包括现在的技术手段，是否可以跟环保宣教部门和省教育厅联合，把展览馆作为一个青少年生态环境教育基地。实际上省里面也做了一些。当然，我们大家在展览馆天天看的这些内容，两三年后会产生审美疲劳，但是那些青少年，尤其是一些农村的孩子，他们看到这种现代技术，从小会形成一种生态文明的理念和意识。

可能在贵州来说，我们这个是第一家，是"头把交椅"，将来做到一定平台后，可以到环保部申请一个国家级的基地，影响力就扩大了，甚至和国外的通道也接起来了。关于这个园子的问题，除了研究院里面，院外也可以搞点绿色交通工具，参观者可以自助体验，这也是功能的外溢，这就把整个园子联系起来了。

梁盛平博士：

潘博士提得很好，最早主要是领导讲博物馆，很多人认为博物馆的概念有点大，它有一个标准与规范。我们这个有点小，姑且叫生态文明数字内容博物馆（简称生态数博馆）。数字和现实的终端可以巧妙地结合起来，我这次去北京，很有感受。北京的共享单车可以在任何指定地点自租自停，用手机微信就可以完成付款，解决了开车停车不便（或特定区域停放）等问题，并且绿色环保。

2016年我们完成了《绿色再发现》一书，2017年我们是否可以围绕新区质量和标准，编著《绿标再发现》和《新区质量发展报告》？《绿标再发现》就是支撑新区质量的资料整理。现在新区市场监管局正在推质量兴区活动和整理新区正在做和计划做的标准。说绿色质量标准的意思就是希望生态数博馆有展示体现质量标准的平台，核心是有新技术创新的展示。刚刚结束的AR/VR虚拟现实峰会给我们提供了技术创新前提，用好这个大数据技术、创新展览体验馆、教育基地、国际沙龙等多功能综合体。

潘善斌博士：

"绿标"往往是说一个目标，一个理想的东西（过去什么样，现在什么样，未来什么样）。未来的理念实际上就是对高标准的追求。有些时候内容的东西稍微好搞一点，它是动态的。硬的方面就是固态，东西做了三五年之内它就是这样一个状态了。

我觉得走廊的地面可以模拟一下海绵城市的状态，利用多媒体投影假雨，来展示循环系统。铺一段海绵城市的虚拟表现，展示雨水是怎么回收的，怎么渗透下去的。

关于地下水利设施这点，投影投在地上，但是展示的是解剖地下的隐蔽空间，包括水、管廊、光、气等。现在一般海绵城市能达到下小雨时路面是干的，雨水再大点，路面只是稍微潮湿。展示雨水回收怎么利用这个系统，看能不能从技术上展示出效果。我们的定位是生态文明国际研究院，那么来的也有一些世界各地的人，可以带一些国际化色彩，语言、文字，甚至翻译也需要融合进来。

向一鸣博士：

我们需要发挥一个作用，根据参观者的不同展示不同的主题。如果把展示给精英人士的东西给小孩看，他们是接受不了的。如果是孩子来，他们更希望的是了解整个生态系统是什么样的，内部构造是什么样，有什么影响。既然你对青少年进行教育，他们肯定要问为什么。有些东西他们在日常生活中会看不到考虑不到，就像我们说的水有可能不光是影响地表或者地下。我觉得展示内容上，说实话，空间是比较小的，实际上是把所有东西压缩在一个空间里的。整体布局而言，是对精英人士的。如果老百姓进来的话，觉得太高大上了，觉得跟自己没有什么关系。那么怎么办呢，因为空间有限，只能借助像巴西奥运会那样，利用投影，针对不同的人群，展现不同的内容，这样的话能缓和一下关系。如果展示的都是一样的东西，老百姓很难接受。接着潘老师的话来说，我觉得我们整个建筑物是整个范围内的一个聚焦点，但是还要发展它的外面的功能，比如说有一些空地，不管是精英人士也好，老百姓也好，要让他们体验到绿色。作为生态研究院，大部分还是对社会公众开放，精英人士不会天天或者经常在这里开会。既然我们要发挥教育基地或者引领生态文明建设的作用，一大部分时间还是要考虑对社会大众的引领。

梁盛平博士：

大家一致认为"生态文明数博馆"通过数字化技术可以达到博物馆效果。接下来怎么把数字技术和生态技术用进去，无论是内容还是形式来都要展示出新效果，我们将有很多想象。我们的挑战就是有限的空间怎么做无限的展示，我觉得可以以小见大，以有限做到无限，将展示理念和技术设置做到巧妙而不别扭，打破传统的展览博物馆的模式。传统的很多都是平面展示，看了一遍过后印象不深。我们这边需要聚焦，要有新形式，要有新技术。

所以我们要把有限的空间用起来，公共空间、过道、实体空间、水、墙、地、顶、玻璃还有建筑物本身已有的十余项先进生态技术体系怎么展现出来。怎样把新媒介用起来，利用虚拟增强技术（AR/VR），把核心价值、引领性技术展出来。

张永贤：

我想到两个展示 AR/VR 的点，刚才潘老师也讲了，水的东西比较多，但林、园的东西体现得不多。我想的是到时候可以留块区域出来，顶部有一个大的屏幕，可以播放各种东西（景点、林、园）。参观者站在这个区域，可以与数字虚拟的景象（比如恐龙、小鸟、植物）一起被显示在大屏幕里。甚至可以加声音和感官（鼓风机）的东西进来，让参观者通过屏幕感受到置身于某一个景点或某一个场景（黄果树瀑布、园林）时，有身临其境的感觉，增强互动性。

建筑物里的长廊也可以利用起来，就像之前博物馆里面动态的清明上河图，很多人排队去看。我们也可以使长廊有一个春夏秋冬的转换，一个穿越或者切换。

AR/VR 现在大多都用于游戏，体验那种真实感，其中头盔比较重要。

在展馆里我们也有这种体验区，但是头盔还是有很大的局限性。包括 AR 也需要用手机扫描，所以说我们目前能达到的就是用投影的技术通过屏幕来展示。

胡方博士：

我觉得，一个生态文明数博馆，应该把生态文明主题利用现代技术、在有限的空间按照合理的逻辑展示出来。我看了好多地方的实景演出，围绕生态文明这个新事物，在内容上面，分篇章展示，每个篇章里面的内容和技术巧妙对接，然后在这个空间里面，用很自然的方式让人在体验学习中融入生态友好的氛围。

潘善斌博士：

我认为，一下子布满，有时候也是浪费。因为空间太小，这么小一个地方，现在做这么多，进去以后会感觉很压抑。另外技术的手段要符合人性化的需求，要针对不同的人群。第二层其实也可以利用起来，在不破坏结构的基础上，做些虚幻的东西出来。我提出三个建议：第一，入口天井三面是墙，只有一面玻璃，这个空间里外都可以用，也可以在上面放一个幕布，挡住光，做一个小主题，单独弄一个独立的展示空间。第二，一层的水池没有用玻璃盖起来，而是做成了喷水的效果，是否考虑修改一下。另外还要解决如何控制垂直绿化墙的水流带来的室内雾气的问题。第三，第二层还有两块可以利用的空间（走廊尽头、会议室门外），二楼四个类似的较大空间或拐角都可以利用起来，做成开放式空间或者小主题展示。还有接待前台的墙面。另外房顶比较高，上面能否做点什么东西。

梁盛平博士：

刚才大家都从不同角度进行了讨论，我来整体描述一下（方便大家在下次有针对性地讨论）。入口处。进门后有一个虚拟人（激光技术）欢迎进入展馆，形式新颖，内容简短，接着是地面情景展示（采用地面水波纹情景虚拟展示），然后是玻璃触摸屏，突出领导关心的情景播放。讲解区。利用玻璃墙作为触摸视屏，内容通过叠加图片来展示，从规划到建设再到绿色发展成果，按照现状图（现在的地形图，标明湿地、林地、农田、水等）、修复图（如五年后修复了哪些地方，石漠化改造，新建造的公园、湿地、水塘、海绵系统、地下管廊等）、未来图（绿色城市、诗意栖居）顺序排列。咖啡厅。就是世界咖啡课堂，讨论讲演，贵安新区第五代生态城市建设知识，在这里能看到未来生态城市的概念和样子。成果集中展示区。主要通过展板、实物全面展示新区生态文明技术成果。水数字沙盘区。这里将展示目前最大的利用水作为介质，可触摸的水沙盘，整体直观地欣赏新区的生态效果。

在海绵城市数控室的玻璃墙上进行监控实时数据投射是个好点子，但不是所有数据都转换，而是把精简的数据和关键技术指标放在玻璃墙上，感兴趣的就进去详细了解。办公区主要用于支撑生态研究院的各研发中心，如目前正在引进清华新能源、北师大生态扶贫、中规院海绵城市等研究中心。

这里是一个信息量比较大的成果展示区，是一个国际性平台，以贵安为主，要有未来成果，展示最新的国内外成果。在《贵安新区绿色发展指数报告》里面已经提到绿色交通，绿色建筑，绿色能源，绿色大学城，绿色文化，等等，可以从内在逻辑去分类，但必须跟城市直接相关，而水沙盘是一个互动的地方，可以点击详细了解，如点击海绵城市，就可以知道海绵城市的具体细节。另外这些空间要灵活变动，展览的形式可以多样化，廊道则作为氛围式的展示，比如标准墙、绿色法制墙等。

感谢大家！

第八章

国家级新区新兴城市

（第 22 期，2016 年 12 月 17 日）

新城观点： 现在谈新兴城市恰逢其时，国家级新区离新兴城市最近，如何推进国家级新区做好新兴城市准备，就要好好研究新城市。讨论涉及新城的理念、交通、特镇组成、经济布局、产业链、社会文化，最后表达了对新区的期待。

新城核心要处理好自然本身的事情、人与自然的事情、人与人的事情，新兴城市里面发展的核心就是关于人的城市。

关键词： 国家级新区　新兴城市　功能布局软硬件　以人为本

摘要： 城市是一个国家或地区同世界经济联系的桥梁和纽带，是国际经济大循环的空间依托。坚持走新型城镇化发展道路，凭借现代化的信息网、交通网，形成自己的城市特色，融入以全球为尺度的新的世界城市发展体系，加快连接助力"一带一路"立体交通网络建设。

随着科技文明的进步，世界正经历一场从工业文明向新生态文明的革命，传统城市发展模式已经到了不改革行将死的时候，迫切需要创新理论引领世界城市发展和变革，就像克里斯·安德森《长尾理论》写道，依托云计算新的生产工具和传播工具将不断普及、供应需求间的中间环节也逐渐缩短，新的经济形态显现。霍华德的田园城市理想、沙里宁的有机疏散理论即将大放光彩。

贵安新区作为国家级新区，是践行国家新型城镇化的先行区，探索未来新兴城市的试验区。既要发展新兴产业，成为西部重要的增长极，又要扩大开放，迅速发展为内陆开放经济的新高地，更要创新生态发展，建设成为生态文明示范区。

本次微讲堂主题为国家级新区与新兴城市，大家从理念、文化、经济、交通、产业、城镇化等方面进行了热烈讨论。

相关讨论

梁盛平博士：

这一期微讲堂的主题是国家级新区与新兴城市。当前的阶段是发展经济为中心任务的社会主义初级阶段，根据网上公开资料统计到 2018 年 9 月国家级经开区有 225 家，国家级高新区有 134 家，其他特殊功能区有 159 家，尤其是自 1992 年设立上海浦东新区以来，国家级新区近三年迅速发展到 19 家。作为新型城镇化先行区的国家级新区，承担了发展未来新兴城市的探索任务，至少未来的新兴城市没有现在的"城市病"，城市给人以舒适的感觉、通畅的出行、便捷的服务、良好的生态等，这次讨论试图回归城市的本体。例如安徽黄山脚下的宏村、西递等，小小村落就解读了一个城市的原型：一条小河穿过整个村庄，里面有书院、文昌阁、祠堂、广场、交易市场等，水的设计巧妙，既是生活水也是净化的水，还寓形以神。城市无非就是进行放大和再组合。

"城"，就是一个围合的空间，最早主要有防卫的概念。"市"就是可以交换物品的场所。到了工业化阶段，随着人口大集聚，城市有很多个功能板块了，有中心区、行政区、文化区、产业区、居住区等。中国改革开放 40 年来伴随城市化运动产生了城市发展的诸多困惑，如交通拥堵、雾霾、地下排水、城市垃圾等问题。为了推进健康的城市发展，中共中央、国务院印发了《国家新型城镇化规划（2014~2020 年）》。新型城镇化着重解决好农业、转移人口落户城镇、城镇棚户区和城中村改造、中西部城镇化问题。逐步形成城市群、中心城市、大城市、中城市、小城市、镇、乡、社区、村的城镇化序列。尤其是促进农民市民化过程中很需要"特色小镇"，特色小镇是一个很重要的介于城乡之间的发展空间。新兴城市实际上是新型城镇化发展的目标，是一个不会有"城市病"的未来健康可持续城市。所以新兴城市就是从城到村的一个城镇化序列，未来的城离不开乡和村，村也离不开城，是一个相互支撑的体系。从城市发展角度理解，国家级新区就是一个新兴城市的前夜，当然这个过程会有非常多矛盾、挑战、机遇。我认为这个过程，还有较长一个不断从量变到质变的过程，还有很多未知需要创新的事物，今天微讲堂就要探讨围绕贵安新区从国家级新区到新兴城市如何蜕变。

胡方博士：

"新兴"的概念特别好，但中国的城市化，包括大多数城市化，在发展过程中明显有太浓的行政色彩。首先是一个经济概念，经济发展到一定程度必然有文明和文化，这些是城市的核心，然后再反作用于经济的发展，这个发展过程叫"产业"，产业发展是世界城市的一个功能布局。在贵阳，我认为经济不突出导致城市功能分块很乱，这就带来一系列的问题：教育、文化、医疗、交通，经济发展和文化没有配套就没有一个线"串"起来，是散的。所以城市化的根本就是经济，"城"是一个地域的概念，"市"实际上是一种文化关系，人和人之间的一种合作，这个合作的空间讲究成本节约，所以产业链也好，区域经济也好，本质上还是一个生产。城市发展本身随着经济的发展，从奴隶社会比较低下的自然经济到初级的商品经济，然后到高度发达的市场经济里面的互联网经济，经济的发展变化与城市的格局必然发生一个较大的变化，而这种变化是和经济紧密相连的。贵安新区，作为贵州省西部增长基地，目前要有一个正确的经济和文化的定位。

潘善斌博士：

"新兴城市"，什么叫"新"？"新"的标准是什么？谁定的标准？"新"城市的内在驱动力是什么？"城"和"市"都是一个大课题。在 20 世纪 80 年代的时候，江浙一带的中小城镇的理念，到后来的城市化，现在的城镇化，根本的问题就是刚才提到的文化问题。所以一个小村落走向一个小城市的雏形，我想最主要的是文化基因，文化实际上不仅维系着一个家族或者一个小的社区，同时它对外也有强大的吸引力。刚才梁博士提及西方的广场概念，西方的一些哲学书里记载从古希腊开始，城邦广场是民主和自由的象征，它是一个普通人无门槛就可以去的，一个可以高谈阔论的地方，一个公共空间，一个表达话语权的地方。国内很多广场，也可以发挥这种公共功能。贵安新区作为未来城市的一个缩写，规划里面是否有类似功能的点或项目？过去的城市是一种防卫需要，城里是一个小型社会。现在的城市实际上是由一个主体功能来区分，比如美国的华盛顿是一个政治中心，而纽约是世界经济贸易金融中心。中国的北京、上海也是这样。

现代的社区是一个城市基础下的最小的单位，比如农村社区、民族自治社区。社区体现了人与人之间的合作，"社"体现了一种合作的本质。现在的城市从广义上来讲可能是一种生产领域的分工，或者以经济作为一种纽带，如果形成一个社区的概念，是一种文化的延伸。讲到未来城市的问题，什么叫"城市"，城市的对立面是什么，或者说如果不是城市，是否就一定等于农村，非城市能反映一个未来内涵的东西，到底什么叫市。

胡方博士：

我理解的城市，首先就是经济，经济的发展就涉及人，从经济的本质来说，城市是人们从事经济活动的自由空间。从物质和文化的角度来说是自由度，经济的自由度、文化的自由度。城市、乡村、农村、城镇，从经济发展的角度这些概念涉及一个区域空间合作的范围问题。所以农村，如花溪村换个角度来说也可以是城镇。现在讲城镇是延续古代的地理概念，实际上是保护地域、空间的概念。"新兴城市"从经济的角度来讲，中国的北京、上海一直被称为城市群中心、大都市，实际上这也是在讲城市包括城镇化到底该怎么建，这里面本质的原因从经济的角度来说还是一个经济布局和经济协作的问题。一个人的劳动能力是有限的，在自然状态下很难单独生存，这就涉及群体社会在生产力方面怎么进行合作，而这个合作是在一定的空间领域里，涉及空间布局。所以讲城镇、乡村、大都市，是一个经济布局的问题。

魏建伟：

刚才听取各位的观点，我有几个不成熟的建议。经济基础决定上层建筑，经济发展还是考虑人流量的一个外部因素。现在贵安新区大批量的招企业，其实就是在把人聚集过来。它需要资金密集型的企业进来，把人力、物力与企业结合，带动当地的经济。

关于从"新"和"兴"两个方面去创一个城市的问题，作为一个新区就要"新"，新在哪儿？我们的布局就是大数据，包括三大运营商：电信、移动、联通，现在都已经在这里建了区域中心。把一些创新性纳入这个城市，这个城市就具有创新性，这个新区就是创新的新区。

我们现在做产业链的整合，叫资金整合。是以产业链进行整合、融资。供应链是产业链里的一部分，以它进行融资。尤其像生产方、加工商、销售方，有一方跟不上，整个产业都会停滞。

胡方博士：

国家在改革，另一个说法为：全要素生产力的整体提高。经济的发展不是靠全和长，而是看齐不齐。经济发展也是这样，之所以叫产业链、价值链，是因为中间有一环跟不上则整体全完，贵安新区的发展和经济发展一样，是一环扣一环的。

新兴的城市、新兴的经济，新兴产业要结合本地的资源，优势的资源要结合人和自然，包括资金等各个方面的搭配，才能叫作新兴城市，人气到一定程度很自然地就形成一定的文化和氛围，形成人和市场。

潘善斌博士：

我认为这与地形、自然环境有关。文化方面，需要一个适应的过程，比如：一个城市公共卫生最基本的卫生要求都达不到，我们就会感到苦恼。还有人们对公共准则的遵守问题，如交通。城市里一些直观的东西是客观存在的，接下来还是人的一个现代化问题、人的城市化问题，即向更高、更好的方面发展。贵州相对整体经济总量不大，科技程度不高，不能与东部城市相提并论，它也不同于中部、西部其他城市，它有自己的特色。城市靠产业来带动，又必须结合自身的优势和特点。

柴洪辉博士：

我一直在思考，城市究竟该怎样建。其实就是规划的问题，如今堵车这个问题究竟是怎么造成的，有这样几个问题：

第一，理念层面上，我们所有的城市规划，当初都是照搬苏联模式，最典型的城市就是北京，当初是苏联专家规划的，其主导思想就是 1 平方公里 1 万人，但是问题在于当初 2200 万平方公里的苏联地广人稀，所以以苏联的理念规划的北京城今天堵车堵得一塌糊涂，这是从理念上就出了问题。

第二，霍华德的田园城市。这个理念提出来后，从 20 世纪 60 年代到今天影响力依然很大。我认为田园思考是没错的，城市一定要注意宜居性，但是宜居性田园城市并不意味着"摊大饼"似的规划理念，而城市的本质是讲规模、讲节约的。规划的时候说有生态，有绿地，有公园，功能相通就往一块儿放置，但是这中间出了一个问题，"摊大饼"永远是从中心往外摊，就导致所有城市规划都围绕这个中心，交通自然会堵得一塌糊涂。

第三，对于城市道路的规划，我们是按照城市道路的规划理念来的，两个城市之间的道路按城市道路的规划理念来规划，它承担的功能是不一样的，那就必然导致交通规划出问题，尤其是二线城市，比如郑州，高架不修还好，修起来之后堵得一塌糊涂。

第四，路的加密，要确保公共交通不超过三百米，让人不管从任意一个方向出来，都不超过三百米，公共交通就能找得到站点，就能上得去，就能快速让人流散开。但是贵安新区的路，远远达不到标准。在欧洲，在路的加密这方面，基本上很多新城区在一百五十米到两百米之间，真正实现了小街区。这也是一个很严峻的问题。

第五，北京的堵车不仅仅是因为规划的问题，所有的资源都集中在了北京，全国各地的人都要往北京走，自然就成了这个样子。现在我们的城市规划也运用了这个理念，高端医院、学校、大型的购物中心，全部集中在市中心，贵安新区规划的贵安高铁站远离市中心，否则的话就会像所有的火车站一样堵得一塌糊涂。高端的医院，也要在市郊。现在幼儿园、小学的规划，目前的标准是直径一公里之内的，现在大都随着小区的建设规划走，将来能够真正建成邻里中心，这样才是城市综合规划，才能解决问题。

最后，我们的规划，从管理角度，总是把地块分得非常清楚，农业就是农业，工业就是工业，居住就是居住。这实际上是有问题的，比如说像现在高端产业园那边，我们才盖一两层，但事实上上面的空间都浪费了，我们现在的国土面积不小，建设用地面积不小，但是我们的城市就出了这么多问题。最近的研究，说深圳五年前修编的时候是按照八百万人口规划的，但现在都两千多万了。最早北京是按照一千一百万的人口规划的，然而北京的面积和东京都市区是一样的，东京都市区有三千五百万人，但交通却不像北京这么堵。

尹良润博士：

我也有两个观点：第一，一个城市的构成讲究三个层面——意识层面、器物层面、具体活动的人。关于人的层面，新兴城市还得有新兴的市民，如果大多是特别没素质的人，就很难成为新兴城市。美国有一个比弗利山庄，相当于一个特色小镇，美国的很多名流都喜欢住在那里。如果以后贵安新区也是这个感觉，这个城市会更美。新兴城市人的建设是比较缓慢的，也非常急迫，需要做很多工作。第二，特色小镇不仅是行政区划的小镇，还包括很多，一些村寨也可以叫特色小镇。为什么不提特色城市呢？因为城市太大太难塑造了。但是新区可以在特色城市方面做一个全国的最新探索，因为它面积很小，完全可以规划成一个特色城市，可以申报一个中国比较少有的特色城市或新区。

梁盛平博士：

城市化和城镇化在住建部是一个讨论了很久的话题，城市是来自西方的翻译，很多专家认为城市化是城市在吞噬农村，有一定的不妥当的地方，后来才有城镇化，城镇化是讲了一个过程，是一个序列，城市有大中小，还包括镇乡村。刚才柴博士讲的是交通，尹博士是讲的是特色小城市，胡博士谈到经济，魏总谈到产业链，潘博士重点讲文化等，从不同角度对新兴城市进行生动的讨论。走传统城市发展道路，实践证明很难，城市也都是在摸索中前进的。从某个角度上来看贵安新区起点非常好，它可以在通过新型城镇化发展成为新兴城市这一新的角度回避传统的"城市病"。贵安新区应该承担这个发展使命，为新兴城市探索出国家的区域发展模式。从一张白纸、白手起家到新兴城市之间，确实有很多可探讨的地方。我认为城市发展归根到底就三个事情：自然本身的事情、人与自然的事情、人与人的事情。新兴城市里面的发展核心就是关于人的城市。

中篇 **谈经济**

第九章

贵安新区规划区产业园区联动

（第 28 期，2017 年 3 月 24 日）

新城观点：贵安新区包括直管区和非直管区，在体制设置上提出"五联十同"互联互通。面临招商难的瓶颈问题，新区规划区内打破传统行政梗阻，直管区和非直管区产业联动起来，让企业间真正连起来配置起来，高点谋划高点配置，防止"灯下黑"，直管区周边产业低端化发展和同质化恶性竞争。

新城坚决突破行政区域藩篱，真正互联互通共享起来，产业园区联动起来，构建区域发展新的引擎。

关键词：产业园区　产业要素　联动共享　经济引擎

摘要：第 28 期微讲堂走进非直管区产业园区，到园区针对产业联动发展进行微讲堂讨论。本期到夏云工业园区，夏云工业园是国家级高新技术产业开发区安顺高新区（2017 年 2 月由贵州黎阳高新技术产业园区更名）开发的一个产业园区，是贵安一体化发展的重要产业发展平台。与夏云工业园管理部门代表、园区企业管理代表和生产代表进行了交谈，谈到园区在目前经济下行形势下招大商难、中小企业招进来发展不力、企业市场乏力、创客小镇融资难、原材料或生产零部件从外地运输成本较高、人工工资优势不明显等问题。尤其是 2016 年入驻园区的中国香雪海集团西南区域总部彭总谈到选择夏云园区是集团西南区域发展（与四川、重庆、湖南、广西、云南两小时的高铁网）的迫切需要，他很有信心但也存在对物流成本和人工成本的担心。大家建议强化贵安一体化的产业带动作用，增强联动发展功效，利用乐平通用航空产业共享发展，实现招商扶持政策信息同步、小微企业前期风险融资支持，利用新区在国家层面的智库西南分部（如国务院发展研究中心经济研究院西南分院在新区即将成立）等资源。

最后大家一起来到安顺市平坝区乐平镇塘约村，考察了村寨发展，分享了"塘约道路"探索经验，学习了"七权同确"，"三权"促"三变"等创新发展措施。

相关讨论

李敏：

首先介绍一下安顺高新区的基本情况：安顺高新区是 2001 年由贵州省人民政府批准成立的省级高新区，2006 年，通过国家发改委、国土资源部审核公告，公告面积 0.98 平方公里；2014 年，经省科技厅、国土资源厅、住建厅和环保厅联合批复，扩展为 9.89 平方公里，并把夏云工业园、羊昌工业园、乐平工业园三个工业园合并到高新区管理，形成一区三园的发展格局，实际管辖面积为 93.1 平方公里；2016 年 6 月，经贵州省人民政府同意，原贵州安顺黎阳高新区技术产业园区正式更名为"安顺高新技术产业开发区"；2017 年 2 月 13 日，经国务院批准同意，安顺高新技术产业开发区升级为国家高新技术产业开发区，实行现行的国家高新技术产业开发区政策。

2016 年，安顺高新区实现工业总产值 168.8 亿元，已成为全市经济发展的重要着力点和区域经济发展的新引擎。2017 年 1 季度，预计实现工业总产值 40 亿元。截至目前，园区入驻企业达 250 家，协议引资 217 亿元。装备制造产业军民融合特色突出，新兴产业多元发展，安顺高新区立足"三线"军用航空布局基础和地方资源禀赋两大优势，通过多年自主培育和招商引资，形成了以装备制造产业为主导、建材包装产业为支撑的产业架构，并加快培育壮大生命健康、电子信息等产业群体，为创建国家高新区奠定了坚实的产业基础。创业孵化能力不断提升，创新环境不断完善，高新区坚持科技与产业的耦合发展，区内聚集了国家级工程技术中心试验基地、企业技术中心 2 家，省级工程技术研究中心、企业技术中心 10 家，博士后科研工作站、院士工作站 2 家，认证实验室 1 个。高新区积极探索"政府引导、市场主导"模式，引入民间资本要素打造孵化平台，目前拥有省级孵化器一家，产权孵化器 1 个，均为企业投资建设及运营。

高新区发展目标：力争到 2020 年，园区实现营业总收入 550 亿元，工业总产值 500 亿元，高新技术产业产值占工业总产值比重达到 55%。土地利用效率不断提升，土地集约节约水平位于全省前列。

到 2025 年，安顺高新区力争实现营业总收入 1000 亿元，在航空、生命健康、高端装备制造、电子信息等领域形成若干国际先进、国内一流的特色产业集群，涌现出一批拥有知名品牌和较强市场竞争力的创新型企业，自主创新能力不断提高，创新创业生态活跃高效，军民融合成效突出，全面建成具有全国影响力的军民融合创新发展示范区。

胡杰：

我是创客小镇的负责人，创客小镇成立于 2012 年 2 月 23 日，是安顺工业投资公司（国企）投资组建，我们的项目总占地是 500 亩，规划面积 25 万平方米标准厂房，主要是电商企业孵化项目，人力资源、财务管理、管理咨询、投资融资等服务就是企业孵化项目，总的分为四期规划项目建设，第一期为 60 亩的孵化园，包括综合商务大楼、专业培训室、会议室、创客吧、宿舍公寓等配套设施；第二期总建设 10 万平方米标准化钢结构厂房；第三期 5 万平方米的多层厂房主要依托食品安全云、贵龙网和冷链物流等企业形成一个电子产物商业园区，目前建成有 2 万多平方米，大概使用了 1 万平方米；第四期是省发改委批的省级集聚核心重点项目，主要是建设山体公园、商业步行街、白领公寓等生活服务配套。创客小镇现在入驻企业有 68 家，其中电商企业 47 家，生产企业 21 家，现阶段存在的主要问题有：一是招商方面，由于园区地处红枫湖水源附近，受环境因素的影响，很多排放型企业入驻难；二是贵州电商行业起步晚、底子薄，且是以农产品和农特产品为主，企业深加工困难。电商企业运营较困难，从起步的学习、融资、产品整合、加工、销售等诸多环节，环节纷繁复杂，其中最明显的是产品的深加工配套和电商企业融资方面，目前我们本地电商线上的流量很小，所以解决这些问题亟须优化速效渠道，解决融资难的问题。

马爱国：

贵州富强包装有限公司是夏云工业园第一家生产制造型企业，有两条生产线，主要生产一次性餐具，企业占地 100 多亩，去年产值 1.2 亿元，利润 6000 多万元、职工 600 多人。当前企业面临的困难：一是原料采购困难，根据市场需求，公司将转型升级，原材料的选择更加趋向于环保原料，但还未找到合适的代替塑料的原料；二是融资困难，公司正处于扩大生产阶段，需要大量的资金，虽然公司不缺乏抵押物，但是融资渠道还是比较匮乏；三是人员招聘问题，公司高科技技术人才、管理人才较少，下一步公司将与技术院校合作寻求人员的补充。公司计划在未来三年内上市，争创贵州驰名商标。

彭仲尧：

贵州香雪海冷链有限公司是 2016 年香雪海集团在贵州投建的分厂，2016 年在各级政府的大力支持下当年投建投产，企业主要生产商用智能冷用产品，企业愿景是打造中国西南地区冷柜第一品牌。现阶段公司在运营过程中存在的主要问题有：一是产品生产的物流成本在逐渐增加，由于当地没有生产冷柜产品的零部件，很多零部件都要从公司总部运调，成本很高；二是公司管理技术人才难招，或者招来留不住，人才流失严重。

投资夏云工业园前我们就来贵州考察过，对贵州的优势也进行了分析，一开始我们认为贵州的交通不便，但实际上贵州的交通是非常发达的，甚至比我们内陆还要发达。交通好是我们的首选，因为我们的产品要往各个地方去分销，贵州的位置对西南各省的辐射距离都差不多，我们的产品是不适合长途运输的，因为长途运输的成本会增加很多，所以说我们选一个能辐射周边 500 公里范围的地方是最好的，这是我们的考虑。还有，实际上我们集团战略的一个决策，很多产业是要到中西部去转移的，因为原来我们是在沿海做产品，随着经济的发展，在当地竞争是非常激烈的，比如说我们这个商用冷柜，在河南，有很多厂家都在做类似产品，竞争太激烈，那么为什么他们不到这边来做呢，一方面可能因为他们实力不够；

另一方面，一些其他的原因，例如海尔为什么不做这个产品呢，因为这种产品对规模化作业有限制。我们是专注于做商用智能冷柜产品，其他大企业可能不会到这来投资，我们就有优势了，当时是这么考虑的，所以我们到贵州来投资办厂。

黄麟渊：

我最近是在跟进乐平通用机场的事情，我简单地介绍一下这方面的资料，乐平通用机场按照通用机场建设规范和民航西南地区通用机场开放管理程序的分类，它属于一类通用机场，全称是贵州航空遥感应急保障通用机场，建成后主要用于满足固定翼飞机和直升机，适用于开展航空应急救援、航空遥感测绘以及航空作业、公务飞行、航空观光等。2017 年 3 月 22 日，在省政府，负责做规划的公司做了汇报，预计大概的一个规划流程是 2017 年 5 月做科研和报告上报，预计 7 月就能完成机场的设计和上报，在 9 月进行初步设计，到 2017 年年底，施工图基本上完成，到 2018 年 1 月进行施工招标，2018 年 2 月正式开始施工，最后预计最快在 2020 年 4 月准备竣工验收的资料，争取 2020 年 8 月开航。整个工程下来，总投资能达到 5 亿，在机场的整个投资当中，有 2 亿左右由当地政府来出资，剩下的 3 亿中 35% 要申请民航发展基金，35% 由省财政出资，30% 融资自筹。前段时间我也跟随贵州省第三测绘院，对航空机场现场的净空条件进行了一个实地踏勘，相关科研报告也在编写整理之中。

王玉敏：

贵安新区开发投资有限公司（以下简称公司）是应贵安新区而成立的一家国有大型平台公司。前期主要承接贵安新区开发、建设任务，代行投融资。经过三年多的发展，公司将逐步从平台公司转型为实体公司，现在公司总资产规模已经达到 2083 亿，净资产达到 1140 亿，2016 年公司的营业收入实现 80 亿。公司经营范围比较广泛，预计到"十三五"末的时候，公司的营业收入将达到 500 亿，净利润达到 30 亿，资产规模将达到 3000 亿。

贵安新区是一个开放包容的一个新区，它要与周边的地区达到一种带动和互动，就是你中有我，我中有你这么一种格局。公司从成立开始即为新区的开发建设做贡献，在新区建设中大有作为，但是现在公司要开始转型了，作为一个企业，最后就是要发展、要盈利。公司更大的政治任务要为实现"三有一大"做贡献，秉承建设"三化"新区的历史重任，它和别的企业不一样，一个方面公司前期承接新区公共基础设施配套建设，实现水、电、路、气、通信等七通一平；第二个方面就是园区建设，现已建成几个园区。高端装备园、信息产业园，综合保税区等，公司去年的固定资产投资有680多个亿，这些基本上是完成新区党工委、管委会交办的任务，随着基础设施的完善，公司承接的建设任务慢慢减少，公司要转型，要改革，最后要走向市场化。公司重新做了个定位，就是六位一体的发展模式，即投资、融资、建设、产业、管理、运营。开投公司提出的六位一体的思路和"三大一新"（大数据、大文旅、大健康、新能源新材料）的思路，就是围绕产业在做布局，体现自身特色，创出自己的品牌。

　　今天是来平坝夏云工业园学习，我自己有些不成熟的见解，建议夏云工业园别和贵安新区搞同质化的东西，搞同质化双方可能形成两败俱伤的局面，市场份额毕竟是有限的，要做好自己的定位。例如抚顺市是一座资源枯竭型城市，最后请了一帮专家精心策划，重新定位，如抚顺石文镇连刀村，主要围绕梨花产业，花开的时候就搞观光旅游，成片打造，成熟后梨花的叶子、枝干、树干都做成了产业链，全面把老百姓带富了。你们在航空航天这方面好好研究，这是别的非直管区没有的。在商言商，我们做企业的就要研究企业的发展，带动地方经济发展，企业才有生命力，招商怎么招，招商就是要搭建一个平台，让夏云工业园与贵安新区联动发展，通过搭建开放发展的大平台，选择优质的企业到园区共同发展。公司近期正在构建一个国家级智库平台，即将与国务院研究中心经济研究院智库平台开展战略合作，解决人才不足、智力支撑不够的问题。也希望能为你们服务。

梁盛平：

　　这期微讲堂的话题是"基于国家级新区园区联动发展思考"，今天彭总说的区域选择，高铁时代，贵州所在的位置很重要，前段时间我看了一些资料分析贵州如何跟广西、四川、云南、湖南竞争西南关键高铁节点，庆幸的是贵阳抓住了这个节点，为发展争取到了有利的条件。胡杰讲到了创客，确实电商都属于轻资产，挑战很大，是一个很大的课题，不仅是平坝的课题、贵安新区的课题，还是一个全国性的课题，来得快去得也快。

今天听了很多新信息，安顺的发展很快，亮点多，工作开展得很好，刚才听了感触很深。讲到资源联动，企业的资源、新区开投公司的资源，包括其他的招商引资政策，下一步我们整理出贵安新区的招商引资政策（大数据10条、新兴产业政策等），对非直管区可以统一搞一个对接会，对接新区政策信息。

企业这一块，企业联动，双创基地我感觉还是一个内置金融的问题。双创园内部怎么提供最大的服务，硬件不是难题，关键是软件，一个是人才，一个是金融，金融就是在企业发展前期怎么给企业贷款，正常条件下，银行信用社都不给贷款，就是要突破内置金融这样一个题。建议自己要有个资金池，企业化有效运作，风险共担，收益共享。务虚务实都需要联动对接。大家都要开放思维，都是在贵安新区的规划范围内，要有大局观念，互惠互利。

第十章
贵安新区城乡产业融合
（第 29 期，2017 年 4 月 8 日）

新城观点： 石板镇位于省会城市贵阳市东边城乡接合部和国家级新区贵安新区西边城乡接合部，发展机会凸显，用地违规、建设违规、产业违规、人口集聚等城乡历史问题突出，是矛盾最聚集、机遇与挑战并存的乡镇，城乡融合的对策讨论在此更有价值更具典型意义。

新城要善于盘活存量有效产业资源，及时依托省会城市和国家级新区外力调整产业结构，不怕城乡融合转型阵痛，精细分类，按类施策。

关键词： 城乡融合　产业结构　转型升级　按类施策

摘要： 按照贵安新区国家级产城融合示范区的战略要求，进一步加强贵安新区产业同兴，完善产业链共享发展，上期博士微讲堂到非直管区平坝区夏云工业园调研，这期选择到非直管区花溪区石板镇，主题是贵安新区城乡产业园区互补发展。

大家对涉及石板镇 8 个产业板块（木材、石材、机械、蔬菜、汽配、观赏石、金石、二手车等）企业优势与存在问题进行了交流，了解到石板镇大多数企业属于典型的被贵阳市挤出且自下往上发展的民营企业，主要发展建材、汽配、物流和蔬菜等城郊型且处于产业链中低端的城市配套项目，企业通过建立自身行业平台（买卖场）进行招商，自融自营发展。

随着贵安的迅速高起点发展，其地理区位优势更加凸显，融资情况较好，市场潜力较足，但面临用地合规等手续完善（由于大部分企业处于阿哈水库水源保护一级范围，项目手续不全）和企业发展转型升级等问题，尤其是企业产品科技含量较低、文化创新性不强、人才基础薄弱和科技成果转化率低等问题。

经过与会各专家和管理人员热烈讨论，建议一是加强企业间信息共享，增强产业链效应，推进贵安新区城乡产业良性发展，建立贵安新区企业微信群等共享平台；二是加强科教等公共设施联系，促进公共服务城乡一体化发展，为企业家做好服务，不定期召开贵安新区企业家联盟产业链发展论坛等；三是切实推进贵安新区产业同兴，积极与北京大学国家发展研究院林教授推动的"政产学金媒"联盟等国际平台线上线下联动起来，到东盟、南亚和中亚等国际市场去发展。

相关讨论

李绍明：

花溪区石板镇有 13 个行政村，两个居委会，常住人口大约有 2.8 万人，辖区 57.6 平方公里，主要景区有两个。石板镇大部分是基础产业园区，有木材市场、物流业、石材市场、蔬菜配送、车商交易等，园区的区位优势比较明显，而且离贵阳比较近，距花溪 15 公里左右，距贵安新区 10 公里左右，园区周边有环城高速、贵安大道、黔中大道，交通比较便利。石板镇的 GDP 从 2006 年的 2 亿到 2016 年的 16 亿，增长较为快速，镇区东部产业强，西部发展旅游业，以大数据为引领，突出石板镇的产业升级，围绕天河潭开展旅游乡村，发展绿色产业，阿哈湖水库到花溪水库周边都进行保护。石板镇的区位优势、交通优势及自然环境优势非常明显，特别是靠贵安新区的这面，黔中大道和贵安大道等道路的通车，更加凸显了石板镇的交通优势。石板镇自然资源保护非常好，森林覆盖率在 50% 左右。

我们下一步打算在二手车交易市场、建材市场以及"互联网＋物流"等方面，通过运用大数据促进园区的产业转型。但镇区也面临企业合规、转型升级，如何与花溪区文创功能结合，与贵安新区新型产业互补发展等挑战，下面请大家就石板镇产业与新区产业互补发展进行讨论。

高峰：

西部建材城这个项目是 2009 年入驻石板镇的，它的企业家大部分是贵州省泉州商会的，会员主要是做建材、车行的，商会主要的项目是贵州西部石材项目，建材城大大小小的企业有 400 多家，黔中大道周边都是用我们的石材。2012 年 3 月以前，我们都是做食品加工的，所以我们也非常注重环境方面，2015 年成立了贵州西部建材城，建筑面积 270 万平方米，现在已经建成，石材和建材合在一起。2016 年的销售成绩突出，40 亿左右，带动周边企业产值 30 亿左右，而且吸引了福建、广东的一些石材企业，这些石材企业在内地的销售远超沿海一带。总体上来说，我们肩负着把贵州的石材向外推广的历史使命。2011 年我们的石材"变石成金"，2014 年我们石材公司成了贵安新区的基础设施建设供应商，为贵安新区、贵安大道做出自己的贡献。2017 年按照政府的要求，两年内要把贵州建材网企业打造成为一个中型电商企业，计划线上交易达到 1 亿元。我们的石材原材料主要供应贵州市场，销往贵州的贞丰、遵义、毕节等地。

冯运胜：

天利机电城是 2011 年 6 月 18 日入驻石板镇白桥村的，占地面积 850 亩，主要是以工程机械、物流、五金机械为主，整个市场营业额为 50 亿左右，就业岗位有 4000 多个，商铺大约有 1230 家，商户主要是福建、山东、河南、河北的企业家，贵州本地的占 5% 左右，公司提供的岗位主要面向应届毕业生，作为企业的发展，这也是一种社会责任。

左向荣：

二手车交易市场是在 2011 年建立的，我们公司一年的产值大概有 5.5 亿元，十大品牌的经销商现在都入驻我们这个汽车市场，在这个汽车市场里，有车管、保险、金融服务，我们现在主要和上海、广西、云南及周边城市的企业签署合同，建立数据共享，相关的配套设备我们已经建立，现在在做的是以车服务为主的电商企业服务平台，它主要是一个线上线下互相交融的平台，2016 年总交易额有 60 多亿元，通过这个平台，实现贵州的经销商的数据共享。

蒋文书：

合朋村这七八年的变化是非常大的，以前我是搞服装的，十几年前一车服装几个星期就可以卖完，还可以赚一两万块钱，现在一车服装要卖好几年。时代在发展，现在可能产品还没出来，流行服装的信息市场就已经掌握了，服装数据也已经掌握，传统的行业已经不好做了。整个环境在都在改变，基础设施变化很大，交通更加方便了，像环城高速起了非常大的作用，但环城高速收费的问题，对当地的产业影响非常大，我们统计了一下，每天是8000辆大车左右，在这几平方公里的范围内，进行集散，如果环城高速免费了，对贵安一体化的发展是很有利的，把环城高速变成免费的市政工程，对整体作用有一个极大的提升，在贵阳与贵安新区的接合点搞一个收费站，是不合理的，不利于贵阳与贵安的融合，带来的是时间的浪费。

李绍明：

现在的石板镇是资本高地，民营企业家发展的新高地，一方面这里位置好、易融资，另一方面这里是人才的洼地，专业人才较少。这里的园区现状就是"散、乱"，"散"体现在各种产业都有，但是没有形成一种集聚效应，"乱"体现在和前期规划有矛盾。我们也在思考，现有的人才没有发挥好应有的才气，一些公共配套服务个性需求没有得到满足，所以我们要想如何把石板产业园区建设成宜商、宜旅和宜居的地方。目前，贵阳菜园子工程——蔬菜物流园、建材、汽配（二手车市场）三大板块最为突出，相对来说物流园产业发展比较成熟，其他产业总体上来说处于初期阶段，园区缺少大型的超市和百货商场，基础设施比较薄弱，下一步要加大大型超市和百货商场引进和建设。我们园区建设缺少整体性的规划，所有的市政建设配套设施都没有跟上，已落后于其他地区的发展，但石板的经贸、产业等发展已走在前面。我们的定位是以大数据为引领来进行产业转型升级，如旅游产业，提倡让游客参与体验式的开发，我们将建材做成石文化，在石文化里面展示和提升，建立一个重创中心，在这个平台上让采购商、洽谈商务人士能够线上线下体验。

高峰：

这一块涉及文创的项目，我们更多考虑的是与地方文化相结合，在这个项目设计的过程中，我们把地方石文化和旅游文化等进行融合，在 2013 年"五个 100 工程"的专家评审会上，我们项目建设专门把石板片区传统文化、布依文化、苗族文化等进行融合和挖掘。

在转型升级过程中，我们也做了一些尝试，贵州有一些好的石材，有一些观赏价值较高的玉石，我们现在考虑将这些材料附加值加以打造的问题。

朱军博士：

今天这个主题，城乡产业园区互补讨论，我刚才也一直在想，新区几大产业，大数据、电子信息、高端装备、文化旅游、和农业这些板块的企业上下游都有联系，石板镇也是新区的一个规划区，希望石板镇的产业园区像新区企业一样，上游产业和下游产业相互交流。再讲教育这一块，怎么把直管区和非直管区融合起来，如果能实现统一招商的话，那么对入驻新区的企业应该更方便。看到你们介绍的几个园区的情况，实际上我还可以考虑一下申请省里面的资金，人事厅有一项创业扶持资金，它主要是面向那些小微企业，有需要的都可以利用起来。

潘善斌博士：

今天来到石板镇，听取了政府负责人和企业负责人介绍的情况，收获很大。我想我们可以在三个方面加强合作，充分发挥贵州民族大学学科专业和人才集聚的优势，为石板镇的发展做点实事。第一点就是可以开展对石板镇石文化的联合研究，把相关文化资源整合起来，尤其是把民族文化和石文化结合起来，在石板镇打造在全国乃至世界有一定知名度的石文化集中展示地；第二点是解决交通问题，我们可以到贵安新区、贵阳市相关部门了解一下，把收费站事情的来龙去脉搞清楚，通过我们的渠道向有关部门反映，石板镇的交通问题不是一个石板镇的问题，而是一个涉及贵安新区发展瓶颈的问题；第三点是法律服务的问题，在这个领域，根据石板镇发展的需要，我们可以依托贵州民族大学法学专家、老师和研究生，组成一个律师团或法律服务团，为石板镇企业和政府服务。

梁盛平博士：

博士微讲堂走出来到产业园区讨论完全不一样，会发现对大家的思维触动很大，大家都会有收获。北京大学国家发展研究院林毅夫教授所研究的新结构经济学理论以及其所带领的南南合作与发展学院正在推进"一带一路"的发展实践，最近创新推进的线上线下"政产学金媒"联盟给了我们新的思考，林教授那边是上游，我们这里是下游终端，是产业发展的神经末梢，看怎么把它们联动起来，让贵安产业共同发展起来，走出去，不但走到全国，还可以走到国外去，包括到非洲等一些欠发达的地方。我们要在贵安新区把不同层级的产业板块联动起来形成产业链，互补发展，相互转型升级。上次到夏云工业园区，中国香雪海冷链的彭总讲到贵州的物流成本还是相对较高，什么配件都要从外地拉进来，竞争力肯定会降低，后来各企业及管委会相互碰撞，发现有些零部件园区中就有。大家信息共享起来，智慧联动起来，再连接起像林教授"政产学金媒"联盟等这样的平台，真正可以走出去，引进来，尤其是利用贵安这个西南交通枢纽的位置，重点与南亚、中亚、东盟等区域进行产业发展。

张金芳：

我刚才说了，我们现在大数据还没用上，为什么呢？就是因为我们的数据还不够大，我们怎么掌握这个大数据，我觉得就两点，一个是站高，一个是站远。站高站远才能认清认准，站高什么意思呢？就是我们不能老盯着当地的石材，再怎么看它还是那块石板，我们走出去后就发现石板的价值了，这就是一个大数据收集，实际上是我们认识了自己，然后和周围对比。站远是指站在历史的角度去看，原来是什么样，现在是什么样，接下来会是什么样，这样就掌握趋势了。最重要的是看清楚我们现在所处的时代环境，石板镇的产业大部分是跟基础建设密切相关的，但是基础建设还能坚持几年，接下来我们怎么办，我们应该提前做好准备，并预备转型，还要有新的拓展，企业家和政府部门，都应该把这个认识清楚。从政府的角度来说，如果不符合实际，我们要及时引导，如果扰乱我们的生态，可以进行一定的政策性抑制。我刚说的站高站远，实际上就是一个大数据，把这些数据收集了，有了对比才有意义。

杨向东：

贵阳合朋三农创业发展有限公司是合朋村的村办企业，负责安置、回迁这一块。村里要发展，往更好的方向发展，要怎么改变，首先是基础环境改变，然后要改变住房，改变了以后又要怎样持续地发展，让它有一个更好的发展空间，就要提供一个创业平台，三农公司搞了三农创业街项目，就是提供商铺，让土地农民变成土地老板，村民以入股的形式，筹集资金创业致富。

李绍明：

政府这边，其实也需要通过一种平台，把我们的企业资源整合起来。石板镇这个地方，有近十几家商会，是一个资本的高地，但是企业不等于企业家，我们希望通过这个平台，让大家把思维打开，促进产业更好的转型或升级。前几天，我们的书记一直在园区和企业做交流，企业缺乏教育资源、医疗资源、公共服务。石板镇常住人口三万人左右，流动人口平均七到八万，但是还是缺少自身的特色。我希望通过这次交流，我们的创业基地，把高校资源和我们本地的资源结合起来，让产业从现在的销售转向市场研发。贵州的资源，如一些苗族的文化、刺绣，可以和很多高端品牌结合起来，把传统文化和现代文化结合起来，把它推出去。刚刚谈到的共享，如何把它和旅游结合起来呢？其实很多我们都需要思考，所以在建设这个平台的过程中，希望我们企业家通过交流触发更多的东西，把产业中那些真正值得发展的事物体现出来。政府发挥的是一个引导功能，看到企业看不到的，然后把他们整合起来，依托市场发展。企业要生存、要发展，就要去寻找自己的空间，我们和企业，也想构建政府和企业的良好关系，更好地为企业服务，促进地方的发展。

第十一章

绿色产业集聚：

贵安新区绿色产业园区互补帮扶发展
（第 30 期，2017 年 4 月 21 日）

新城观点： 西秀传统产业园区经过对口产业帮扶等外力作用华丽转身绿色产业园区，绿色农业与新兴电子产业绿色效果明显，与直管区新兴产业如大数据、新能源、大健康等相互支撑互补发展，构建绿色产业多园集聚图景，因地制宜发展两端：现代高效农业端和新兴产业端。

新城的绿色产业集聚兼顾帮扶和多园飞地链式共享共聚，尤其是区域发展广阔空间来讲。

关键词： 绿色产业　园区集聚　帮扶互补　链式共享

摘要： 第 30 期微讲堂深入非直管区西秀产业园区，我们这次主要与园区 11 家民营（混合制）企业代表进行了热烈交谈，2016 年成立西秀产业园区，2013 年青岛市作为帮扶安顺的对口城市，因地创新提出"产业帮扶"并促进西秀产业园转型，2016 年被国家批准为全国循环化改造示范园区。

大家对建筑垃圾处理推进装配式建筑（精准扶贫、变废为宝）的兴贵恒远新型建材公司、利用秸秆原料制造燃料和建材板材（精准扶贫）的惠烽科技发展有限公司、关于青岛市对口帮扶创新提出"产业帮扶"可持续发展路径（共建青安产业园）、轴承联盟通过军民融合联合 20 余家提升军工配套能力促进科技创新合作方式、智能手机从深圳转移并相互分工协作（贵州较好的湿度、温度和优惠政策环境）等印象深刻。尤其是油脂集团

（取之于当地油菜籽，既是民生项目又是扶贫项目）、惠烽科技发展有限公司（取之于安顺近 120 万吨的秸秆，但目前只有 10 万吨／年的生产能力，原料充足，发展潜力大）、兴贵恒远新型建材公司（利用废弃的建筑垃圾，既扶贫又环保）等绿色企业和混合联盟类的企业运营模式进行较深入的讨论。

最后也谈到绿色建材存在三角债、绿色企业融资难以及西秀产业园水电通信等基础设施相对较弱等问题。针对这些问题，西秀区政府应对产业园区完善配套设施和加强管理，从硬件建设和软件支撑方面入手，不断为西秀产业园区创造一个优良的环境，促进西秀产业园区的可持续发展，与贵安新区中心大数据、大制造、大健康、大旅游等产业共享发展相互配套。征得大家的同意，邀请企业代表加入了与安顺高新区（夏云工业园区）、石板产业园区的贵安产业联盟微信群，以加强信息交流。

相关讨论

周小农：

西秀产业园，即西秀经济开发区，位于安顺市东北部，园区有一段历史发展过程，以前是东西合作示范区，2006 年被批准为省级开发区，并更名为西秀园区，2012 年在省政府的批准下，改名为贵州西秀开发区，通过这些年的发展，有一定的基础，2013 年更名为青岛安顺工业产业园。2016 年被国家发改委确立为全国示范改造园区，园区目前面积有 37.6 平方公里，但从目前的发展状况来看，这个发展面积显然是不够的，所以准备扩展为 90.4 平方公里，扩展的方向从安顺高速跨过去，往西秀的蔡关镇方向发展，也就是往贵安新区的方向发展，以此来考虑地方的未来发展需要。我们园区目前有 90 多家企业，基本上形成智能终端、电子信息产业、金融和军队装备制造、信息建材等布局。在安顺产业园区中，我们是排在最前面的，从这几年的发展状况来看，我们在招商引资方面也在不断地努力，同时用招商引资的方式促进我们产业的发展，所以，近两年来我们的重点是抓智能终端和电子产业，但也兼顾其他园区的招商引资，目前我们已经有 7 家电子终端和信息产业，还有几家在等我们把标准化厂房建好后入驻，2017 年要增加十几家手机企业和信息终端企业，形成信息产业的格局。

我们的经济指标工业总产值有 180 多亿，2016 年我们在园区排名中，位列第 22 名，这与我们调整布局和结构有一定的关系。2016 年我们的招商引资是全省第一，但综合排名是第 22 位，这得力于我们把精力都放在电子终端和信息技术产业上，我们把要发展的留下来，但调整上有下滑，但我相信 2017 年结束后会再有变化的，因为我们正在加大一些相关的投入。我们园区经历了漫长的、艰辛的过程，以前我们的底子不厚、财力有限，在推动基础设施建设方面"手长衣袖短"、心有余而力不足，所以走得比较慢，但这几年我们加大了相关的投入，特别是充分利用公投集团、融资等方面，而且还做得比较好，再加上我们有青投公司等方面的对口帮扶，所以有了比较大的进步，再加上我们园区是安顺市的城市规划园区，我们采取的是融城共建、产城互动，既是工业园又是开发区，也是城市区的一个重要组成部分，所以说在配套上要求要高一些。

我们的园区与大家了解的经济开发区有所不同，我们重点关注的是园区的发展，我们的重点放在建设和经济发展上，然而安顺的经济开发区在旅游、经济、民生等各个方面都要管，安顺经济开发区在西面，我们与他们的特点不一样，发展的方向也不一样，我们是工业小区发展而来的，挂牌不一样，我们还要加强园区整体形象的打造，兼顾城市的发展需要、生态、环境以及城市形象等，近几年我们在环保、生态等方面都做得比较好。我就汇报这么多。

梁盛平博士：

各个园区负责人接下来谈一下你们进入园区以来的感受、经验，以及发展中的困惑。

刘亚丽：

我们是贵州酷骑科技有限公司，公司是 2016 年 7 月与政府签的协议，2016 年 12 月 18 日开业，正式投产，现有用的标准化厂房是 5 万平方米，一期目前正式投用的有 2.6 万多平方米，现有员工 380 多名。目前的生产线主要有：手机组装线三条，包装线一条，手机主板生产线六条，正常运作的四条，分为白班晚班。我们也有自己的研发公司，我们公司前期总部是在深圳，但目前我们的重心转移到了贵州这边，2017年的目标产值是30亿。我们主要的产业是智能手机、平板电脑、机器人，2017年我们的重点是智能机器人的研发以及生产，包括厂房的装修都有智能机器人的组装生产线。现阶段我们手机95%的订单是出口的单子，主要出口到非洲、印度、孟加拉国等，我们的主板是由自己在西秀产业园区生产，其他零部件是从深圳运过来，也有一些是进口的。

张寒敏：

我们是贵州汤姆逊电气有限公司，同样的我们公司是一家深圳公司，总部在深圳，隶属于和泓集团。我们公司的主要产品是液晶电视，品牌是汤姆逊，这是一个法国老品牌，有120多年的历史，我们是2016年拿到的授权。当然以后我们的产品肯定也会做一个自有的品牌，未来我们的产品除了在电视机方面，还会有各种的家用电器，我们的产品是以出口为主（80%出口，20%内销）。我们公司现在的标准化厂房已经建设好了，现共有3条产线，包括模组、整机还有包装线。整个产品包装线现在已经开通了两条，第三条还在调试阶段。我们公司主要的一个亮点是模组，我们配备了3000平方米的百级净化车间，现在公司的员工已将近200人，未来第三条产线开通的话，可能会解决当地500到1000人的就业。公司2017年产值拟达到10亿。我们的市场主要在东南亚、新加坡、韩国、日本，欧美国家也有涉及。

傅深生：

我们公司全称是贵州兴贵恒远新型建材有限公司，是个私营公司，公司是2013年2月成立的，注册资本1亿，主要的项目是建筑垃圾再生混凝土保温切块，属于绿色再生产业，它的原材料是城市建筑垃圾，规模占地2000亩，投资20亿，分三期建成，计划2018年12月建完，规划达到400万立方米，这个项目每年能消耗建筑垃圾300万吨，每年可减少二氧化硫排放5万吨，减少二氧化碳排放82吨，折合标煤一年15万吨，2017

年目标产值是22亿，解决当地人就业2500人。现在建设的一期占地500亩，2012年8月开工到现在引进了德国全自动生产设备，现在投产两条。这个设备在国内算较大的生产线，现在投资达到4.2亿。在研发这一块，我们公司自主研发方面申报国家专利64项，专利主要涉及以建筑垃圾为原材料的相关内容，公司产品的保温性、防火性、安全性、节能性、防水性以及隔音等都达到了国际领先水平。目前公司还跟西秀区政府着力搞精准扶贫产品，生产的产品搞装配式建筑，也搞精准扶贫小区，现在这些项目也正在建设。目前国家发改委授予我们公司"节能循环经济和资源节约发展项目"，住建部授予我们公司为贵州省首家"国家住宅产业化基地"，民革中央授予我们公司"创新驱动调研实践基地"。

张坤：

我们是贵州轴承联盟，2016年7月正式在西秀开发区开业。在贵州，安顺轴承有一定的历史根基，是在1965年按照毛主席的三线建设指示搬过来的，主要是为军工企业配套的，经过这么多年的发展变化，安顺已经有很多做轴承的企业了，而我们把做轴承的企业搞了一个轴承联盟，目前搬到开发区的企业是贵州红星轴承公司，它是2016年7月省里的重点观察项目，2016年7月正式开业，一期总投资1.4亿，二期投资达到5亿，目前已经建成了12条轴承生产线，投资完成了9500万，2016年轴承联盟的产值是1.6亿，2017年的目标是2.5亿，公司产品重点有几大部分：军工、航空航天、化纤轴承以及汽车和高铁。我们有很多家都是高新技术企业，目前这些企业的专利有100多项，其中发明专利有十几项，主要是以科技创新和军民融合作为企业的两大发展战略，重点在这些方面加大企业的研发能力和科技创新能力，目前我们也和机器人轴承、无人机轴承和航天轴承的有关科研单位合作，同时我们在轴承联盟里面有自己的贵州省轴承工程技术中心，这是省科技厅批的。

郑艳：

我们油脂集团的全称叫贵州安顺油脂集团股份有限公司，是在2013年7月入驻园区的，我们公司的主要产品是食用菜籽油，品牌目前为贵安牌菜籽油。十八届三中全会刚开的时候，中央就提出要抱团发展，发展混合所有制的企业，在安顺市委、各级政府的领导和帮助下，整合了安顺市十八家个体小作坊，他们以自然人的身份投资，联合安顺市两家国有企业（一家是安顺市国有资产管理有限公司，另一家是安顺市工业投资有限公司），共同注资成立。公司成立以后，发展主要分两期，一期是做菜籽油方面的加工生产线，二期是在政府的引导下，农贸市场还有其他公司整合一个相对比较大的农产品批发市场，现在还在计划中。通过这两年的整合生产，2016 年产值在 1.2 亿左右。下一步我们准备做明朝绿豆，结合安顺明朝历史文化推出产品。

姚飞远：

贵州安顺家喻新型材料股份有限公司是 2011 年 9 月进驻西秀产业园的，当时这里还没有发展起来，水泥路都还不是很好，水电也没有。我们公司总投资 1.28 亿。公司的产品是通过混凝土、粉煤灰、甲基混凝土基块等废物利用生产。公司 2016 年产值是 1.5 亿，产量达到了 45 万立方米。我们的建材主要是粉煤灰、脱硫石膏，这两块产量就能达到公司产能的 80% 以上，这是我们的第一级产品，第二级产品我们正在改建。以前原料是不要钱的，都作为垃圾处理，但是现在国家推广建材废物利用，这个就是宝贵的资源了。

周小农：

网络信号差这个问题我们园区很多企业都在反映，是因为我们以前通信的布局是顺着二六路布局的，园区这边比较偏，特别是铁达通信公司成立以后，对郊区的市场重视程度就不够，所以说信号的覆盖、通信质量、网络就达不到目前我们企业的发展需求。但是我们最近在和铁达公司等几家公司沟通，加大他们发射器的覆盖面、覆盖点。以前几家公司竞争的时候，竞相建基站，哪里有空白就在哪里建，现在铁达公司统一建了以后，就考虑成本、布局，综合起来以后，动作反而没有以前快。还有一个原因，我们的标准化厂房体量比较大，厂房之间的间距很大，信号的覆盖就会产生衰竭。通信部门对商业区、居民区网络覆盖要重视得多，其他区域相对来说要差一点，他们也要考虑到密集度的问题。

李惠：

贵州安顺惠烽科技发展有限公司是在原安顺惠烽节能炉具有限责任公司的基础上发展起来的省级高新企业、省级科技创新新型企业，成立于1992年（2009年改制成公司），公司位于安顺市西秀区产业园区内，注册资金1000万元，主要从事生物质固体成型燃料（属于农作物秸秆、林业"三剩物"资源综合利用）和煤材两用节能炉具的研发和生产经营、碳排放交易以及生物质成型燃料、集中供热等。2016年产值有3000万左右。

公司现主要产品有固体成型生物质燃料、生物质灶具炉具、各种节能炉具、生物质蒸汽能多功能应用开发等。是目前安顺市最大的生物质固体成型燃料生产企业和贵州省最大的省柴节煤炉具研发和生产经营企业，拥有国家发明专利和实用新型专利等50多项（其中有16项在受理之中）。公司产品通过了ISO9001质量管理体系、ISO14001环境管理体系认证、GB/T28001职业健康安全管理体系认证。起草了中国农村能源行业NB/T34009-2012《生物质炊事烤火炉具通用技术条件》和NB/T34010-2012《生物质炊事烤火炉具试验方法》行业标准，参加制定了"贵州省民用燃煤炉具地方标准"和"中华人民共和国民用燃煤炉标准"。

我公司在产品培育过程中曾荣获"中国生物能源领域节能环保百强企业""节能中国优秀示范单位""中国节能炉具行业十大领先品牌""全国产品（服务）质量消费者满意品牌"等荣誉称号。公司已成立了"安顺市生物质资源综合利用工程技术研究中心"，公司从2009年开始在美国芝加哥气候交易所（该交易所是全球第一个自愿性参与温室气体减排交易，并对减排量承担法律约束力的先驱性国际组织和市场交易平台）自愿参与温室气体减排交易。迄今已累计减排100多万吨，是农业部农村能源行业的第一家，也是该行业自愿减排碳量最多的一家企业。

惠烽公司的发展愿景就是将"惠烽"打造成国内省柴节煤炉的领军品牌，并将产品销往国外市场，同时，加快生物质燃料的研发、生产和市场推广，为消费者提供高品质的节能炉具和生物质燃料，在造福人民的同时让我们的天更蓝水更绿。

丁勇：

中国物流股份有限公司是国务院国资委所属中国诚通集团的成员企业。作为国资委首批国有资本运营试点企业，诚通集团在资本运营、综合物流服务、林纸浆生产、黑色有色金属贸易等方面都有成功的商业模式和较高的市场份额，在国有企业结构调整中发挥着重要作用。中国物流是集团发展现代物流的旗舰企业，致力于为广大客户提供铁路和公路运输、公铁水多式联运、国际货运代理、仓储、配送、生产和销售及供应链金融等综合物流服务。公司成立于 1988 年，于 2016 年 9 月完成股份制改造。经过近 30 年的发展，公司在全国设有分支机构 68 家，并在 50 余个枢纽城市建立了大型物流园区。员工 3000 余人、土地 10000 余亩、仓储面积约 200 万平方米，铁路专用线 34 条。为实现园区的产业聚集与价值叠加功能，提升其规范化管理，我们提出了"园区 +"运营管理模式，即采取互联网思维 + 业务功能模块布局的模式，为国内外广大客户提供一站式物流服务。公司是国家 AAAAA 物流企业，物流企业信用评价 AAA 级信用企业，被中国物流与采购联合会评为"中国最具竞争力 50 强物流企业"。我们现在在西秀产业园区征地 300 多亩，一期主要就是对工业用品这块提供一站式服务，二期还在建设。现在针对西秀产业园区，总的发展战略是"黔货出山"，旅游这一块，建立商贸物流园。在园区建一个商贸物流园区，有 200 亩的土地建设开发，对一些大客户进行一站式的综合服务，在西秀区园开一个点，全国有一百多个点，开设在这里是考虑到贵阳、贵安、重庆等邻省周边大、中、小城市全覆盖。

李军宗：

瑞生药业旗下有几家公司，包括老百姓大药房、节节康有限公司、健益生大药房。我们是批发和零售一体化的企业，公司旗下有员工 786 人，入驻园区是 2012 年，我们刚进来的时候只有十多家门店，现在已经发展到了 136 家门店。作为零售业，我们讲究的就是严谨、质量。下一步公司存在转型的问题，门店要慢慢地进行缩减，准备转型为一个物流配送中心。

杨昌萍：

园区目前存在的问题是会经常停水，有时没有接到任何通知就莫名其妙地停水，这对入驻园区的公司和业主的运营生活是很不便的。

张坤：

园区里的高压线非常多，很多高压线都是从园区企业的上面走过。

周小农：

说到高压线，咱们不得不承认这样一个现实，确实园区里边从安顺方向往贵阳方向出现的高压走廊特别多，而且很多都是从好的地面上过。这方面是有历史原因的，一方面是西电东送；另一方面是咱们园区现在处于初期建设当中，很多方方面面的问题是没有办法做到一步到位的，这都需要在建设过程中慢慢去完善。

杨继博士：

今天主要听到两个行业方面的内容，一个是刚才谈到的光电、电子行业，这两种产品的生产环境都要求适当的温度、湿度，欢迎这些企业来这里投资生产，将来运行成本也很低，而且生产出来的产品质量也是很好的，容易达标，我国最大的光电行业在哪里？就在昆明，因为昆明环境条件好，一年四季基本都是恒温的，光照很充足，市场也很好。第二就是建材行业，刚才两位都说到了建筑材料的共性及个性、特殊性，它们都是利用了政府政策，如国家关于节能减排、废物利用等政策，企业都是利用废渣秸秆废弃物生产产品。我觉得这是今天体会比较深的两点。利用科技进步，提高产品水平，环保科技是环保产业赖以发展的基础，应尽快把科技运用到环保产业中，提高环保产品的水平，只有在新技术基础上发展起来的环保产业才是有生命力的。对于物流企业，咱们觉得还是小了一点，做物流最好场地要大于2000亩，现在最好的像阿里巴巴的规模都是很大的，产品种类多，这样才易形成规模经济。

张金芳博士：

我今天感受特别深的一个是政策诱导，另一个是与自然相关的。我觉得西秀产业园区缺少文化类的东西，在这里我们做的都是实实在在的产业，如建材、手机、菜籽油等，从另一方面来说文化可以创新，如咱们本地的黄果树、中草药都是很有名的地方文化符号，应当融入园区的企业，更好地挖掘企业潜力。从国外情况看，特别是在发达国家，通过科技进步与创新，为农作物秸秆的综合开发利用寻找多种用途，除传统的将秸秆粉碎还田作有机肥料外，还走出了秸秆饲料、秸秆气化、秸秆发电、秸秆乙醇、秸秆建材等新路子，大大提高了秸秆的利用值和利用率，值得我们借鉴。如果我国能将秸秆在农村就地变为国家急需的工业原料，实现产业化，吸纳农村劳动力，将给农民带来可观的收入。可以设想：如果我国每年秸秆能转化 50%，将会形成一个巨大的新兴产业。

胡方博士：

园区这些企业都有很好的市场前景，去银行贷款也相对容易，一个企业的发展在市场是分层的，一个地方在发展过程中也要淘汰一些企业，所以企业就得升级和转型发展。企业都是立足园区解决实际问题的，其实，这些企业内容都可以联合，像物流、地产、建材等企业内部联合，有利于利润的增加，成本的减少，利于企业更好的发展。刚才谈到文化，我觉得贵州是不缺文化的，还有企业在运营过程中自然也有了自己的文化，文化是历史的积蓄，需要一个长期的过程。

第十二章

国家级新区产业发展挑战

（第 38 期，2018 年 5 月 15 日）

新城观点： 产业园区发展挑战不只有全国存在的共性问题，也有贵州产业园区的个性问题，大家谈到较早开发的贵阳小河经开区、贵阳高新区发展升级转型问题，也从企业角度谈到产业发展存在的风险和独立性问题，贵安高端园区以及电子园区两头在外的物流成本高和中小企业资金困境问题，具体推进时既要量身定制促进产业发展的招商措施，也要有理性防范后发赶超的风险意识，经验与教训并存对贵安新区有很多启迪。

新城白手起家，产业先行是关键，产城融合是前提，后发赶超是路径也是挑战。

关键词： 产业发展　招商引资　新兴产业　产城融合

摘要： 这期博士微讲堂（总第 38 期）围绕"贵安新区产业发展面临的挑战"的主题，邀请了贵安新区产业投资与基金公司投资部、贵安新区开投公司、贵州大学经济学院、贵州民族大学环境工程学院及媒体工作者共同探讨。

这次讨论主要针对贵安新区产业发展情况从不同角度（包括第一产业、第二产业、第三产业及各个产业之间的关系）进行梳理，探讨研究新区产业发展的导向。杨秀伦系统地介绍了贵安高端园区、小河区、金阳新区的产业发展情况，进行了省内省外比较，并分享了一些成功和失败的企业案例等一系列思考性问题；柳弋祎博士谈到自己在开投公司里碰到一些企业手续办理问题、开投公司与管委会的关系问题、开投公司产业板块整合问题以及分享调研两江、天府、五象、滇中新区产业发展的经验；何成部长站在金融投资的角度以市场化为核心价值提出观念问题、产业基金问题、企业的独立性问题、产业风险问题、产业定位问题、产业环境问题、产业同质化问题；杨晨丹妮博士谈到湖潮、高峰之间农业发展差异化的问题；媒体朋友总结了农业与工业之间的对比关系；龚香宇谈到了人才、市场、农民农业意识问题；高笑歌谈到农产品加工市场、扶贫征地问题及村转城之间产业定位不清晰的问题；周冲讲了经济效益问题及延伸价值，金融支持问题；柴建勋认为要根据新区自身条件差异化发展；最后梁盛平对大家的讨论进行了总结归纳，同时分享了调研两江、天府、五象、滇中新区发展较好的案例经验。为切实推进新区产业绿色创新协调发展，努力探索贵安生态经济新动力，为翻开新区产业发展新篇章献智献策，为贵安新区成为贵州省重要经济增长极而讨论。

相关讨论

梁盛平博士：

我们今天的主题是针对贵安新区产业发展的问题，立足于现状，寻找存在的问题。落实孙志刚书记到贵安新区的讲话精神，促进产业发展，为贵安新区成为贵州省重要经济增长极而讨论。但是我们分析问题一定要一针见血，之后提出对应的方法、措施，核心我觉得是不要回避问题，一定要把问题抠出来，今天把问题梳理清楚了，后面还可以组织再去调研，邀请大家熟悉情况的互相交流一下，信息共享。

杨秀伦：

关于产业发展，结合我的工作经历，这里主要分三个方面谈一下，一是金阳新区，也就是现在的观山湖区的发展变迁，顺便提一下小河区的发展；二是贵安高端装备产业园、综保区和大学城的产业情况；三是贵安开投公司的产业投资发展情况。

金阳新区经过近十五年的发展，目前军民融合产业、大数据产业和金融业已成为金阳的主要产业板块，金阳高新区已逐步实现华丽转身，从工业区变为了商业区。

2010年后，中航工业黎阳公司逐步开始往沙文工业园搬迁，对金阳新区的产业带动非常大，现在沙文工业园已有大量企业入驻，很多是为黎阳配套的。龙头企业的带动作用，非常明显。2015年后，贵阳大力发展大数据，在全国引起极大关注，其中主要聚集地就是金阳高新区，据了解，目前高新区已注册2000多家大数据企业，像总部就在金阳的大数据企业易鲸捷，业务已经做到国外，虽然还没有成为独角兽，但前景可观。我们产基公司也投了这家企业。

另外，现在金阳高新区在发展金融城，中天城投集团自己转型为中天金融以后，省里面几大国有银行总部陆陆续续都往金阳搬了，尽管名义上只是一个银行的搬迁，但后面会陆续地把那块商业地皮给炒起来，最近金阳那边的地价很高，包括以前工业企业的搬迁，我觉得这一块对它的贡献还是挺大的。目前来看，金阳这十年来先是从工业制造业起家，然后往信息金融业转变，现在仅金阳那一片聚焦是金融业，它花了差不多十年时间来实现转变，金阳目前来讲是在往上走的。

这里顺便说一下小河，小孟工业园也是2009年才搞起来的，最辉煌的时候小孟工业园的工业产值占整个贵州省产值的将近一半，当时有几家大企业为它做了很大的支撑，大多是军工企业，军工产值占了一半以上，所以小孟工业园其实是重工业，但是整体来讲这几年小河的工业在走下坡路。现在小孟工业园负责人可能也在谋求发展路径，据我了解现在重点也是围绕军民融合做文章，同时大数据企业货车帮也在小河区，有一定带动作用。目前的形势，引进新企业，实现增量还是比较难的，加上贵阳的发展重点有往双龙航空港那边倾斜的趋势，小河区的发展也面临很大的内部竞争。

这里面我也要讲两个失败的案例，即金阳最失败的两个案例：第一个是南方汇通。南方汇通当时搞移动硬盘，是贵州省举全省之力来打造的企业，当时跟新加坡一个企业合作，最后因为知识产权问题搞砸了。这个项目前期的调研是有问题的，最初我听说他们去华为征求意见，当时华为对这个项目的评价是：没有核心竞争力，没有核心技术。但是后面还是坚持上了，他们认为这个企业搞成以后对贵阳市能贡献一百亿的产值。但是这个企业干了几年，就因为知识产权问题被日本企业起诉并索赔，被迫停产，最后以失败告终。第二个我想说的就是皓天光电。它是 2010 年建的，当时我还在金阳工作，这个企业当时确确实实是占尽了天时地利人和的优势，但最后没搞起来，当然最核心的还是技术问题，市场也有点趋于饱和。蓝宝石这个项目当时昆明、石家庄都在搞，当时是贵阳市工投公司投的，累计投了十几个亿，从美国买了进口设备，但一直也没有做出质量稳定、可以量产的产品，据其内部员工透露，曾经一度每个月卖废品的产值要超过其卖正品的产值。公司成立初，为吸引人才，工资开得很高，但是好景不长，创始团队主要成员也纷纷走了，所以这个投了十几个亿的项目最后以比较低的价格卖掉了。

这两个项目的失败，引发了一些人的反思：我们贵州省大力发展工业的做法究竟对不对？究竟具不具备条件。是不是该重点发展旅游业、生态农业？这两个项目实际上对人才的要求都是很高的，不管是硬盘，还是蓝宝石衬底材料，没有成建制的高端人才是难以维系的，有好设备没有人玩得转，那高端设备也只是摆设，还有产业配套也很关键，这些条件当时是不充分具备的。所以这两个项目对贵安来讲是一个经验教训，也是一个启示。

第二个来讲一下贵安高端园区。从一建园我就一直在里面，现在企业落户的有五十几家了，从目前来讲，按照它们自己的定位有几个板块：第一个板块是搞军民融合的企业。目前来讲还没有非常大的龙头企业形成带动效应，虽然贵州航发精密铸造公司，即原 170 厂已经落户了，但毕竟还在前期平场地阶段，没有生产，其他几个军民融合企业都是民营的，都是给贵航、航天科工做配套，这几个民营企业比较务实，没有刻意对外宣传，投资也比较谨慎，招人也比较严谨，目前这几家企业也都还是盈利的。第二个板块是新能源汽车及相关配套产业。包括现在长江、新特以及做电池的立凯、做光伏新材料的亚玛顿和做汽车尾气检测仪器的福爱电子。福爱电子目前是被认为最有成长力的企业，因为它 2016 年才几百万的产值，2017 年已经到 1.1 亿了。第三个板块就是智能制造产业，现在还处于起步阶段。还有一些就归为其他版块。这几类企业，如果从招商引资归类来讲，我可以把它分为市场导向的、政策导向的。市场导向有些也是兼具政策因素的，纯粹市场导向的还是比较少。比如长江公司我觉得有一定的市场导向，贵州本地市场对他们有吸引力，亚玛顿来的时候也是因为在毕节威宁有一些客户，而且我们这边的厂房有一些优惠政策。政策导向的企业比如福爱电子，它的市场根本就不在贵州，而是在国外如伊朗等。还有东江公司，它本来是在贵阳的一个工业区，来了以后给了它一些优惠政策，其他的就不细说了。目前高端园区的五十几家企业，应该说大部分都是在正常运行的，相当一部分都还是有盈利的，但目前看成长性最好的应该还是福爱电子。

贵安综保区不属于开投公司管，我4月初也去调研了。目前重点发展的是大数据产业、智能终端产业和显示面板产业，当然大数据方面包括三大运营商。目前综保区的手机产量很大，除了富士康生产的，其他很多牌子的手机是卖到非洲、东南亚等地的。去年贵州省全省的手机总产量在全国排第四。另外一个是在发展显示面板，尤其是LED。已经有好几家企业到综保区来了，有的已经出口到国外。这两个板块目前是他们招商的重点。现在在综保区内的厂房几乎是满的，用地也很紧张，企业要在区内自建厂房是不太可能的，只能租厂房，综保区区外厂房有部分闲置。据了解，综保区及电子信息产业园注册的企业有两千多家，但实际上在运行的企业只有九十几家，所以还有很长的路要走。

大学城我就不多说了，成体量的企业不多。

最后我说一下开投公司。最近一个月的时间我们都在进行我们二级公司的调研，这里做一个简单的总结：现在开投下面有92家企业，包括16家一级子公司，二级子公司69家，从去年的报表来看，这69家二级企业中真正盈利的企业不是特别多。从行业划分来看，涵盖的面很宽，初步统计了一下，包括房地产、金融业、建筑（包括建材和建筑服务）、石化天然气、汽车制造、航空制造、通信、医药医疗、物流运输、文旅、咨询服务业、农业、工业服务、资产管理、白酒、贸易、信息产业、新材料等。下一步我们将按行业梳理，根据需要将做板块整合，或者业务重组。

现在开投公司当务之急是控本增效，除了代建业务，产业板块要尽快形成效益。在董事长的带领下，开投公司按二个层面来发展产业：第一个层面是基础层。重点是开展土地一、二级联动开发，发展房地产、商业地产、文化旅游地产等，尽快形成产值、收益。协调管委会这边要尽快变现大量已建成的安置房、公租房。第二个层面是战略支撑层，即产业板块，目前的核心是发展新能源汽车产业及产业链。第三个层面就是顶层的金融业。争取拿到更多的金融牌照。设立各种基金，助力开投公司产业投资，同时支持新区实业企业发展。

从招商层面来讲，实际上我们整个新区的产业规划以及发展思路是比较清晰的，早些时候提出的五大产业，以及开投公司目前聚焦的"三大一新"战略。我认为核心问题是抓落实。一是产业配套问题，就喷涂线建设为例，最初与黔南州也谈了多次，计划在长顺建一个，不仅服务于贵安，还可打造为全省的喷涂中心，最后还是不了了之，很多招商的项目，因为这个中心没建成，最后都没有落地。但这个又是刚需，航天十院以及中航工业枫阳厂等在小河的喷涂线迟早要搬迁，但一直还没找到合适的地方。当然，这是个问题不是贵安能独立解决的，贵阳自己也难，需要省里统筹协调。我看了《辉煌中国》系列片提到的福建省福州市的一个喷涂厂，基本解决了污染问题，我觉得我们完全可以去学习借鉴一下。二是生活配套问题，这个是长久以来被新区入驻企业吐槽的问题，我们作为新区人，自然知道这个是时间问题，也急不得，只能尽我们的最大努力去建设、推进；三是人才政策问题，我们新区2015年就推出了高端人才引进的政策，但是落实起来非常难，这也是很多高端创业者以及研究人员最后没有来的原因之一。比如2015年我在负责贵安煜宸经营时，计划引进沈阳自动化研究所毕业的焊接专业博士，他当时是有意过来的，当时希望解决住房和他妻子（小学教师）的就业问题，这两个问题单靠我们企业来解决比较困难。但当时我们新区管委会也很难，最后就没有来。当然，原因还有很多方面，比如新区很多产业链的积聚效应还没形成，物流成本很高等都让很多企业望而却步。

我大概就说这些，回去再梳理一下，谢谢大家！

柳弍祎博士：

我这边主要做的是产业集群理论研究，具体到开投公司的情况我只能做一个大致的说明，开投公司原是作为管委会的政府平台公司在发展，现在已经进入了严肃的转型期，整个公司都要做一个市场化的转型，从政府的平台公司转型到城市综合运营商，其实还不仅是城市综合运营商，我们还有产业投资商、金融服务商这样的定位，但是在转型的过程当中肯定会遇到非常多的困难，有了这些定位目标以后进行改革，首先体制机制的不配套是困难之一。还有刚刚秀伦提到的我们有 69 家二级子公司，产业板块整合也是我们面临的比较大的问题，以及一级子公司主营业务市场化、混改等的问题。细节的问题比如项目前期手续都不完善，造成投转固的困难可能使未来企业软性配套，是不是可以向管委会反映，梳理在产业发展建议里面。

然后从我们出去调研的天府、两江、滇中、五象新区的情况来看，目前发现的就是新区都比较倾向于同质化的发展：战略新兴产业、大数据、高端装备制造等，都在强调总部经济，都在发展金融，都在强调自己的一些区位地理优势。现在可以看到的就是在大家这种同质化竞争里其实是没有找到自己真正的比较优势的，只是在依据原来所谓的绝对（传统）优势在发展，那我们现在就希望通过梳理这些产业链的延伸以及产业集群的特点来真正找到贵安新区自己的比较优势，使贵安新区可以在产业链上弥补空缺。我觉得核心的就是这些。

何成：

我就简单谈谈我的一些理解看法，首先就讲一下我们在整个过程中的立场和定位。贵安产业基金，是属于开投公司二级子公司，所以我们站的高度、角度可能和大家不太一样，我们作为一个公司存在，其实我们的诉求是比较现实的，就是希望商业化、市场化更浓一些，更加赚钱，我们参与的项目基本上都是基于这么一个诉求，所以我们对整个产业的认识和看法也没有各位那么高，我们更多的是站在企业的角度看企业。第二点就回答提到的问题，贵安新区产业发展遇到的一些问题。从我们的角度来说，其实我们接触的不管是新区内还是新区外的企业，我们觉得可能遇到的问题是多方面的。

第一方面：我觉得最大的问题就是观念方面的问题。观念方面包括几种，第一种观念是咱们贵安新区自身政府工作部门或者说园区招商部门的观念；第二种观念就是企业的观念。好多企业来贵安新区就是要向新区要一些优惠政策及福利，但是一般我们产业基金不会和这种关系型的企业合作，觉得它不够独立，活得不长久，我们更喜欢去选一些更独立的企业，比如说，新区政府不管或者说产业园区不管你，你自己也能够很好地运营下去，这是我们选项目的标准。我们也接触了很多企业，它的目的就是来新区通过企业的运作拿一些资源、土地或者其他，拿市场、政策来换落地，从我们的角度是不太支持的，一个是它丧失了独立性，第二是不确定性。本来市场是充满竞争的，不是计划经济时代。

第二方面：我们觉得贵安新区这边大家都在说产业好，但实际上从我们投资的角度，我们会面临另外一个问题，其实大家是不愿意做产业的。根本原因是产业相对来说是一个高风险的行业，如果公司运作不下去的话，可能剩一间厂房、土地，不值得你投入那么多钱，这个是很现实的问题。大家都会讲产业，因为产业会带动产值，还能带动就业等，但实际上当你以主动的身份去参与这个过程的时候，从风险规避的角度大家不太愿意去做这个事。

我觉得从贵安新区产业发展的角度，对产业发展的定位可以更清晰一些，招商的目的是为了产业发展和产业形成，不能为了落地企业就引进来。还有一个问题就是说整个新区也好，就包括刚刚秀伦也讲的开投目前确定的新能源产业作为战略性支持产业也好，很多情况下，做哪一个产业或者说怎么做是需要深思熟虑的。反正领导说大数据要做好，只要是和大数据相关的都去做，但实际上它需要从顶层思维上来做一个设计，比如说我们要做大数据，那我们涉及大数据哪些环节，目前的产业配套条件是可以实现的，但是从大数据的后端，一些更高精尖的技术比如人工智能、云计算等领域，其实贵安新区目前不太具备吸引这些企业的产业环境，但是要怎么来解决目前还没有对策，只是说咱们目前在做产业的根据就是领导说要做，咱们就去做，只要是沾点边的都觉得是可以的，缺少对整个产业链的分析。这个分析包括多方面：一个是产业配套，除了像富士康这种企业会去考虑配套，一般的企业是不会考虑这些的，它属于公共基础设施，应该由政府或者园区来解决；第二是产业的核心环节。

最后讲整个产业发展的另一个问题：还是和刚刚大家讲的一样，其实是同质化的问题。同质化的本质就是大家都在看其他人做什么，相互模仿，实质上每个地方又缺少和本地的资源相匹配的差异化。从我们过往投的一些产业项目来说，我们也是一样的，以白山云为例，白山云虽然是在我们贵安新区，但它的收入都不来自贵州。其实我们接触的很多企业都是一样，要做贵州省的市场不能用市场化的思维或者说用沿海的那一套思维来做，这个是它们在这边面临的一个很现实的问题。其他的比如像咱们新区企业很多政策都没有透明化，大家都说一事一议，这个会对整体造成恶性循环，或者说有门路的能够进得来，而不是说靠自己的能力在这个地方生存，而有能力的企业又不会去要资源，因为它的初衷并不是来要资源的，这个也是我们在和企业沟通的过程中他们反馈的信息，一听到一事一议就觉得谈不下来，觉得很虚。我就想到这些，仅仅代表个人观点，谢谢大家。

杨晨丹妮博士：

大家好，针对贵安新区第一产业方面的调研，我们计划走访的是贵安新区农水局以及各直管乡镇的农服中心等部门。截至目前，我们已完成对贵安新区的湖潮和高峰两个乡镇的调研。我们发现最重要的一个问题就是各乡镇的第一产业发展不均衡，或者说是呈现差异化发展。比如湖潮乡，由于位处贵安新区核心服务区，大部分土地都被征收用于基础设施、产业园区等开发建设，所以仍在进行的农业生产较少。从产业链角度看，湖潮乡基本上没有形成规模化的产业，虽然它们现在引进一些农业产业项目，也在种植一些农作物，但是都只是小规模的，农投企业基本上是不存在的。前两年，为了响应政策号召，大量成立农业合作社，但至今实际运作的合作社仅有一两家，大部门合作社一般空有名目。

相对来说高峰镇的农业产业发展要充分一些，这与高峰镇的地理位置及发展定位有关。从整个产业链来看，最初的种植、加工、销售，最后是物流配送。高峰镇目前拥有大米、蔬菜等种植基地，大米是它们的特色产品，已经形成了两三个大米品牌，也有自己的加工企业，主要销往周边如贵阳、安顺等。但从物流配送方面看，目前都还比较零散，个别农户自行配送，相当于把散户集结起来形成大户，并没有某几个合作社或其他组织集中把本地所有基地的产品采收起来进行统一集中配送。高峰目前有一个贵澳农业园，它们自己逐步形成一个相对完整的产业链。园区内部有蔬菜集中种植、加工，同时结合服务业，在园区内部可以接纳采摘体验式的旅游游客。在配送方面，园区给学校集中配送蔬菜、肉类等产品，所以它们也有自己的检测中心。高峰还有万亩樱花、万亩葡萄、草莓等农产品，这是比较有特色的，逐步凸显产业集聚效应。现在都在打造文化节，政府牵头组织，农民收获效益，这就是把一、三产业结合起来比较好的典型案例了。

龚香宇：

经过调研我觉得不管是农业还是工业，均存在人才缺口；农业方面，结构正在向多样化转变，但同时希望能够得到一些市场方面的指导。贵澳农业的扶贫是与其产业相结合的，模式之一就是把订单分流给农户，零散的分布于各农户的土地，但这中间存在和农户沟通的问题，比如我把订单分配给你，你种出来的东西要达到质量标准，我们才能通过验收，但其中一些农户并不按照公司提供的技术指导操作，因而达不到理想效果，农户也无法从中得到相应的收益，其实如果合作得好，这是一个互利共赢的事情，农民的意识是一个很大的问题。

高笑歌：

调研中我有三点想说一下，一个就是我们对产业的定位不清晰。我们主要的农业产业还在高峰，如果无法形成大规模的农业产业的话，能不能像滨海新区那样在没有农产品产销市场的情况下形成一个农产品加工市场，滨海新区就有大量的食品加工企业（像雀巢、百事等欧美高级食品企业）。天津其实也不产咖啡和CoCo，其原材料都需要进口，销售目的地也不单一，但是因为它的区位优势和配套设施建设优势，就能够形成一个大规模的食品加工市场，这样的加工市场对当地农民和新区的产业发展都是有很大好处的。还有一个就是老百姓扶贫先扶志、认同感的问题，是否可以在村转城的过程中通过户籍制度改革，尽早地把一部分村民的农业户口转为城市户口，增强他们的"市民认同感"，使他们早日加入城市社保体系中，从而摆脱"半城半乡"的状态。最后是土地的问题。贵安新区村转城的过程中征收了农民大量的土地，前段时间有媒体也报道说贵阳的房价上涨得比较快，为了平稳贵安的房价，为未来吸引人口流入贵安做准备，我们可不可以像雄安新区那样有一个制度创新？比如房子的租赁管理制度、积分落户制度、产权延长（或缩短）制度、限购制度等。我想到的就是这几点。

周冲：

我的观点和大家差不多，我补充几点，我觉得经济效益是很值得关注的，是否可以考虑做产业链的延伸，比如高峰的葡萄。那边有充足的劳动力，葡萄的季节一过，就没有其他事情可以做了，土地就荒废了，这期间如果做一下产业延长，可以解决就业问题。旅游业方面，因为少数民族占比较多，长期形成了一些民族文化，但是开发不是很足。我是学金融的，贵安也是绿色金融试验区，在绿色农业金融支持方面：绿色信贷第一个统计项目就是绿色农业，有绿色资源就要有对应的绿色金融支持，农业板块有比较丰富的绿色资源，可以增加对绿色农业的金融支持，作为贵安绿色金融的一个方面。在金融扶贫方面：我们发现部分贫困户把贷款借出来转手借给其他机构，导致贷款的真正用途没有落到实处，如何解决这一现象有待思考。

柴建勋：

我个人认为调研是一个很重要的环节，在调研之前一个比较大的前提是对贵安新区整体的一个定位，要结合新区自身条件差异化发展。大家都在都在发展金融、大数据、高端装备制造等，都在强调自己的一些区位地理优势，没有找到自己真正的比较优势，希望贵安新区真正找到自己的比较优势，可以有针对性地在产业链上弥补空缺。

梁盛平博士：

今天的讨论会只是一个开头，之后我们还要从不同的深度进行梳理总结，继续深入调研，问题导向实事求是，产业再出发，感谢诸位！

第十三章

生态经济

（第 34 期，2017 年 9 月 26 日）

新城观点：资源资产化、生态产业化、产业生态化"三化"在一定角度上揭示了生态经济的内核，具体到操作层面讨论了自然资源资产化的标准和计算办法、绿色发展路径、绿色经济产品、绿色金融改革创新、实体经济生态化、可持续发展、老百姓的获得感等，真正做到经济社会生态效益同步，实现百姓富、生态美有机统一，对于贵州等相对落后地区来讲激活后发质量优势。

新城目的是让人生活得更美好，生态经济产品供给是高质量生活的保证，生态品质生存方式是美好生活的根本。

关键词：自然资源　产业体系　生态化　产业化　美好生活

摘要：2005 年 8 月习近平总书记在《绿水青山也是金山银山》一文中指出："生态环境优势转化为生态农业、生态工业、生态旅游等生态经济的优势，那么绿水青山也就变成了金山银山。"2014 年 3 月 7 日在参加贵州代表团审议时，习近平总书记深刻地指出，绿水青山和金山银山绝不是对立的，切实做到经济效益、社会效益、生态效益同步提升，实现百姓富、生态美有机统一。

这期微讲堂（总第 34 期）围绕贵安生态经济发展的主题进行了讨论，大家对贵安新区生态经济的内涵进行了探讨，从绿色金融作为新区核心驱动力切入，探索贵安生态经济的特色，讨论贵安绿色红利，为翻开新区生态文明新篇章献智献策。大家提出如下思考：一是贵安生态经济发展过程中遇到很多挑战，主要是实体经济还存在不足，生态经济如何促进引进更多更好的高端引领性企业。二是新区绿色金融改革创新进入攻坚期，生态经济如何促进绿色金融标准体系成型，统一监管口径。三是统计核算生态资源，如水的"账目"、山的"账目"、林的"账目"等，尽量摸清生态本底，促进新区生态资源资本化。四是生态经济要让老百姓有获得感，让每个人都有直观的感受等。

讨论中，大家提出要与生态文明国际研究院加强合作，倡议成立生态文明国际研究联席会，轮流组织，共商生态文明研究大事，为国家生态文明制度体系建设提供"贵安样本"，为国家生态文明示范区建设理论提供"贵安智慧"。

相关讨论

王兴骥研究员：

首先对梁博士的盛情邀请表示感谢，博士微讲堂确实办得非常好，一直在关注也一直想参与其中，今天很荣幸有机会过来交流学习，也希望能够有机会合作。我先简单介绍一下省社科院城市经济研究所的情况以及正在做的事情，城市经济研究所主要研究方向有城乡经济、区域经济、制度经济、工业经济、移民经济和建设项目可行性研究等，长期以来承担国家级及省部级项目多项，获省政府社科及科技优秀成果奖多项。所里一直在做贵州省城市经济这块的创新工程，比如绿色经济特色学科等，也想站在一个更高的高度去做一些前沿的研究，因此前来拜会，一方面学习交流，另一方面探寻新的思路、新的灵感、新的合作契机。同时我也把所里的团队带到了新区，简单介绍一下（略）。那么我们也请梁博士介绍一下在座的其他各位专家，然后围绕"生态文明实践：贵安生态经济"主题讨论。

梁盛平博士：

首先对省社会科学院城市经济所的各位博士及专家表示热烈欢迎，很荣幸各位能来新区生态文明国际研究院参观指导，同时我们也有幸邀请到贵旅集团的副总经理韩玥博士后，韩玥博士后能够来到贵州，为贵州经济发展做贡献，也是非常难能可贵的，尤其是今天能前来参与生态经济讨论，在此表示热烈欢迎，也欢迎其他博士、专家以及贵州民族大学的研究生（略），对大家的到来再次表示欢迎，也感谢其他在座各位百忙之中来参加本期关于"生态文明实践：贵安生态经济"的讨论。

博士微讲堂的主要目的是为博士、专家及学者提供一个发声的平台，让大家能够说上话，把有些在工作层面上不宜讲、不愿讲和不想讲的话在"微讲堂"这个相对宽松的环境里讲出来，激活各位博士专家的剩余智力，我们通过自下而上的传递，为决策者提供一些参考，为国家建设献言献策献微薄之力，这也是我们一直坚持做"微讲堂"的原因。今天的讨论，我们也为大家准备了"贵安新区绿色金融改革创新试验区建设资料汇编"，希望大家围绕"生态文明实践：贵安生态经济"主题展开热烈讨论。首先请新区绿色金融港的李珍智部长为大家介绍一下贵安新区绿色金融与生态经济发展的情况。

李珍智：

首先感谢大家的到来，我根据自己了解到的给大家介绍一下新区这边的绿色金融与生态经济情况。贵州省是全国生态文明综合试验区，生态优势明显，发展绿色金融具有先天优势。长期以来，贵州省委省政府对绿色发展和绿色金融高度重视。今年6月14日，国务院总理李克强主持召开国务院常务会议，通过了在我省贵安新区建设绿色金融改革创新试验区的决定，充分体现了中央对贵州尤其是贵安新区发展的高度重视和大力支持。6月26日，人民银行、国家发改委、财政部、环保部、银监会、证监会、保监会联合印发《贵州省贵安新区建设绿色金融改革创新试验区总体方案》，按照此方案，新区整理了《贵州省贵安新区绿色金融改革创新试验区建设实施细则（试行）》以及《贵安新区建设绿色金融改革创新试验区任务清单（征求意见稿）》，目前还在根据各部门的建议及意见修改，后期会更加完善和具体。研究院这边也给大家准备了这些资料，大家可以看一下。

目前根据新区绿色金融试验区建设方面的指示，我主要做以下两件事，一是着手做好关于支持绿色产业发展的优惠政策。绿色产业是在生产过程中，基于环保考虑，借助科技，以绿色化生产方式力求节约资源、减少污染排放（节能减排），逐渐实现人与自然的资源利用平衡，达到少投入和高产出，目前需要政府大力扶持。二是建好绿色金融改革创新绿色金融港这个物理空间载体。2016 年 6 月开工建设的贵安新区绿色金融港一期工程已经完成，随着金融港的加快建设，一期办公大楼基本被多家金融机构预订一空，吸纳入驻传统银行业、非银行业金融机构近百家，其中总部级或区域性总部级机构不低于 10 家，入驻或新设创新型互联网金融机构近百家。目前，金融港二期已启动建设。贵安新区"金改区"获批，这块"金字招牌"的吸附作用正在释放，为新区发展绿色金融汇聚各种资源和要素。绿色金融港力求以专业化、个性化、定制化服务，打造单层超大空间、承重能力超强、配套设施齐全的金融后台建筑群，满足各类金融后台服务产业的特殊需求，有很大的发展潜力和空间。我先介绍这些。

梁盛平博士：

根据李部长介绍的情况，我再补充一些。绿色金融改革创新试点争取得很不容易，李克强总理主持召开国务院常务会议，决定在贵州、浙江、江西、广东、新疆 5 省（区）选择部分地方，建设各有侧重、各具特色的绿色金融改革创新试验区，现在各地也都在争相推进示范建设，绿色金融改革创新试验区的发展势头迅猛。贵安新区从开始到现在也有四个年头了，个人认为其间经历了四次融资潮，主要可以分为四个阶段，第一个阶段是土地融资（贵安有 3 个国有林场，几万亩土地）；第二个阶段是债务融资（发行公司债和企业债）；第三阶段是基金融资（成立二十几只基金，新型城镇化基金就达 500 亿规模）；第四阶段是绿色金融。生态经济的核心驱动力是绿色金融改革创新所释放的红利。贵安新区建设绿色金融改革创新试验区，为新区内绿色产业发展提供多样化的融资支持，通过绿色金融改革创新可以避免再走"先污染后治理"的老路，也不走"守着绿色青山不发展"的穷路。贵安新区建设绿色金融改革创新试验区，肩负驱动"建设西部地区重要的经济增长极、内陆开放型经济高地和生态文明示范区"三大战略使命，是我省加快发展、后发赶超的又一重大机遇和窗口期。我就补充这点，大家继续讨论。

王兴骥研究员：

今天过来的目的是交流学习，也是为年轻人搭建平台，现在的年轻人所学总是非所用，我身边就有很多这样的例子，研究工作不对口，导致工作没有核心目标，没有兴趣，也没有积极性，术业有专攻，学了就得用，所以我认为这个平台开展得很好，能给相关领域的学者提供说话的机会，让大家坐下来说自己的想法，为贵安、贵州乃至全国生态文明实践探索发挥自己的智力。

我个人早些年是学习民族经济学的，对生态经济也非常感兴趣，在生态建设中水很重要，一开始我就是做赤水河治理的，开始关注贵州生态比较早，也比较了解，当时贵州生态建设非常困难，主要是由于地形地貌的限制，很多专家认为贵州不能形成经济走廊。但是贵州通过多年来的发展，以及我对国家级新区贵安的了解，我认为贵安可以做到，贵州的绿色发展经济走廊将会在贵安形成。国家大力提倡生态文明、绿色发展和绿色经济等，在这样的大好形势下，贵安绿色金融是生态经济的一个很好的着力点，我们所也非常感兴趣，也希望借助生态研究院建立起与新区的长期联系，可以定期过来交流、学习和合作。

张登利博士：

借着这个平台我简单说两句，生态经济这个主题比较吻合我们所目前准备和正在研究的领域。城市经济研究所今年把"生态经济"作为我们创新工程的研究方向。在今年上半年，我们所里组建的一个团队参加了省金融办的调研，在调研活动中，我们拿到了关于金融环境政策等方面的一手资料，也切身感受到了实体经济发展中融资难、融资贵的重要问题，很多金融政策"不绿色、不环保"，在调研资料的汇总整理中我们产生了一些忧患，尤其是在贵州省非公经济成分比重小、且非公经济并不发达的省情下，国有经济占主体，实体经济的支持力度不足，主要还是依赖政府。实体经济融资基本只依靠银行信贷，基金、债券、保险等金融产品占比小，形成的是银行独大的金融支持体系。同时银行也面临许多政策约束，风险较大，在这样的环境中，我们如何构建绿色金融运行体系，是非常值得我们去探讨和研究的。尤其是在贵安新区这样的先行先试地区，更多的创新性政策值得我们去探讨和实施。我在这里只是抛砖引玉，希望我们可以围绕"绿色金融政策如何更好地服务于实体经济发展"这一主题展开讨论，我也想听听在场专家的想法。谢谢！

蒋楚麟博士：

首先感谢梁博士给我们提供这个机会来参观学习，让我们实地了解本土的绿色发展、绿色经济和绿色转型到底是怎么做的。实际上，全世界对于生态经济绿色发展都是在试验当中，还未成形，也就是说我们没有框架可以参考和借鉴，各国的生态经济发展路径都还在探索中。这个路径的选择到底是什么，我们不知道，可能是新区选择的绿色金融，也可能是其他。那么绿色金融是否是绿色发展或绿色转型的有效路径方法，希望新区就这方面的实践做一些探索。我博士期间主要是研究京津冀地区绿色转型之下的重工业转型后对农民农户生境的影响，我也非常有兴趣去看新区是如何从政策层面推进绿色发展的，在这个过程中人与政策的互动又是怎么样的，它和京津冀地区有什么不同，有没有更好的方式方法等。非常感谢有这个机会过来学习。

欧阳红：

很荣幸能够参加这次讨论会，我主要做行政工作，但是对绿色金融这块也很感兴趣，前段时间也参加了贵州省的金融调研活动，对现在的金融环境有一些了解，我很想了解新区这边绿色金融建设是怎么做的，有什么可以给其他地方提供借鉴的。

支援博士：

我现在还处在学习阶段，对新区这边还不是很了解，之前一直是做京津冀地区的研究，所以过来就是先学习，多听听各位博士专家的想法。我主要是做水这一块的，以后可以研究一下贵安新区水的成本核算，据我了解，新区海绵城市的建设就是水的收集与利用，综合管廊的推进也是为了解决水的问题。生态经济离不开自然资本，摸清了家底才能更好地发展，投入与产出平衡了才能可持续。通过调查、统计和核算自然资源，如水的"账目"、山的"账目"、林的"账目"等，换个角度这些就是新区的资产，加上传统的 GDP，那么贵安整体的 GDP 就在增长，绿水青山也才真正变成了金山银山。关于今天讨论的主题，我想还可以思考一下贵安新区绿色金融建设如何与实际相结合，如何与科研院所进行产学研创新结合等。我就先说这些。

马卿博士：

今天的主题是生态经济，大数据是引领贵安新区发展的名片，那么生态经济与大数据之间的关联是什么，大数据对贵安绿色金融发展又有什么贡献，或者说大数据从理念、构架、技术上给新区生态经济发展提供一种什么样的支撑作用，来到这里我主要思考了这两者之间的关系。拿到手中的资料，我发现绿色金融建设与大数据相关的有几点，但都只是大数据里面比较基础的部分（数据的储存和共享），但是大数据的真正价值在于生态经济领域数据的采集、脱敏、清洗、加工和后期的分析应用，我认为这才是大数据利用最核心的价值所在。

此外，作为一个外行人，我也有一个疑问，我不是很理解绿色金融的概念，比如说贵安发展绿色数据中心，似乎加上一个绿色就意味着能耗少、污染少，那么金融前面挂上绿色，究竟金融跟绿色的联系在哪里？另外，生态经济又是什么？是围绕生态环境的保护和开发做的产业的经济发展，还是说经济发展的过程中要引用生态理念？我对这几个词的基本概念还不是很了解。

李珍智：

绿色金融是一个新的概念，在普遍实践与认识中，大家主要可能将其归为环境理想型产业或者公益事业，这些产业常常发展慢、收益少，需要政府的大力支持或者大企业带头。我理解的绿色金融可能是政府或者是一些大企业金融机构通过某些方式方法来引导实体经济的发展，积极地参与到我们的绿色产业中。绿色金融也可以理解为一种引领企业和产业绿色发展的理念，但不是强制的也不是虚的，可能需要我们去改革创新，还是那句话，现在已不是先发展、先污染后治理了，而是绿色与金融同步发展。我是这样认为的。

韩玥博士：

大家早上好，我先自我介绍一下，我本硕博都是学习产业经济和宏观经济的，博士后学习政府治理及对外开放发展。学习期间也有幸参与国家的一些横向项目，拥有一些经济建设的实践经验。由于工作关系，我很早就和贵州结下缘分，贵州省自然资源环境得天独厚，借今天生态经济绿色金融的主题讨论的机会，跟生活在这里、学习在这里的大家请教，沟通交流学习。

我这边有几点建议和思考，一是贵安新区战略定位要高，要引进大的、强的企业；二是企业机构来这边发展绿色经济，政府优惠政策的扶持很重要；三是新区的发展不能脱离绿色，要克服困难协调前进；四是入驻企业可以是环保或公益，但是也要激发绿色金融的活力；五是区域性定位。绿色金融港要大力宣传，才能引来好的、大型的企业。我想我们现在要做的是招商引资，不仅要将好的、大的企业吸引过来，还要充分发挥各企业的主观能动性，不能一味地依赖政府。刚过来新区这边，我发现新区建设者的工作环境还是挺艰苦的，我也希望自己能为新区的建设出一份力。

罗艳：

今天很高兴能有这个机会过来学习，我也是刚入门，我是做旅游的，我认为旅游经济对贵州的生态经济有很重要的作用，但是我在研究过程中发现，大型的旅游企业发展门槛低，中小旅游企业的门槛高，很多几乎都没有机会参与其中，发展很受限，那么新区这边是怎么做的，对中小企业的发展有什么好的建议呢？

周欢：

各位专家老师大家好，我刚工作不久，研究还不成熟，我今天主要是过来学习的，我读书时学的是农业经济管理，工作是在城市经济研究所，我想研究城乡一体化的可持续发展，也希望得到新区这边的支持。关于今天的主题，我认为贵安新区在发展绿色金融这块有很强的基础和很大的发展空间，生态资源和文化资源丰富，比如说"快城"高新技术产业的发展（资源的循环、绿色、可持续）和"慢城"旅游文化产业的建设（月亮湖、瑞士小镇和天河潭等）等，贵安的绿色经济带已经形成了雏形，那么继续做大做强，新区绿色金融也可以建设成为贵州的标杆或者成为一个标准级。这就是我基本的看法。

王兴骥研究员：

城乡一体化的话题提得很好，在整个人类文明进程中，城乡一体化发展一直都存在一些很难攻克的问题，比如农民市民化跨越困难、农村网格化而非社会化、农村户口城镇化数量难把控、多数农民封建传统观念根深蒂固难教化等问题突出，那么城乡一体化到底该怎么做，新农村建设怎么建设更好，农村经济到底应该怎么发展，我认为这些研究很有意义也很有必要。

梁盛平博士：

城乡一体化进程中的确存在很多现实问题，城乡一体化速度太快，也担心很多问题累积后爆发。我记得安置房刚建成的时候，很多农民将安置房里的暖气片拆除，自己还是用传统的煤炭来取暖，诸如此类的事很多，农民市民化还需要一个过程。新区美丽乡村建设了 12 个，现在资金投入也已经进入瓶颈期，农村经济投入与产出总是需要平衡的，不能一味地投入没有产出，城乡一体化体现在"城乡等值"，不是农村被"城市化"，要统筹规划，农村更像农村更有农村的体验感，城市更像城市更有城市的体验感，同样的价值不同的体验，总的来说都是要人们切实地感受到生态经济发展及绿色金融红利带来的获得感。

关于今天的话题，我认为大家还是太含蓄，提出了一些问题给出了一些建议，但是没有展开，我再补充几点。新区乃至全国绿色金融改革创新，正逐步由分散化、试验性的探索，向系统化、规模化推进。绿色金融改革是新兴城市核心驱动力，推动生态经济全面发展，带来新一轮生态发展红利，为生态文明新兴发展开篇布局，目前我国绿色金融标准体系化尚未成形，有许多制约瓶颈。我了解到的主要体现在以下几个方面，绿色金融标准方面存在短板，比如绿色项目界定标准不统一和不同监管口径下绿债发行和存续期监管要求存在差异等；绿色认证和评级制度不完善，比如缺乏官方指引和标准、无明确监管规范等；绿色企业股权融资的落地路径尚未打通；环境信息披露制度尚未建立；绿色投资环境亟须培育；"真金白银"的激励措施未能落到实处等。生态经济如何促进绿色金融标准体系成形是我们需要去做的。

讨论会到此结束，大家的提问与发言也给了我们很多启示，今天只是开了个头，下次在更好的调查和思考后进一步讨论。也希望省社科院及在座各位博士、专家和学者能够在"生态经济：绿色金融建设"这块多提建议意见，为贵安生态经济发展研究课题提出好的建议和发展策略。再一次感谢大家的参与，也欢迎下次再来。

第十四章

共享经济

（第 23 期，2016 年 12 月 27 日）

新城观点：共享经济，是世界经济从知识经济时代升级到智慧经济时代的一次革命。共享经济具有新消费、信息化、新财富、人本化经济特征，开启了环境保护的新模式、新路径。共享经济使我们从生活端的变革找到了环境保护的新路径，使我们找到了破解环保难题的新经济形态、新市场机制，找到了环境保护的新动力。

新城更是共享经济的极佳平台，兼具生态资源、数字技术、新经济形态、百姓富、生态美等综合功能，"大同"理想与现代经济有机结合。

关键词：共享共融　规则保障　数字平台　新经济　美好生活

摘要：党的十八届五中全会上首次提出"创新、协调、绿色、开放、共享"五大发展理念，将绿色发展、共享改革成果作为我国发展全局的一个重要理念，作为"十三五"乃至更长时期我国经济社会发展的一个基本理念。如何在国家级新区尤其是贵安新区贯彻落实五大发展理念，打造五大发展理念先行示范区，是当前和今后要深入研究的重大课题。有专家认为，目前已经浮出水面的共享经济，是世界经济从知识经济时代升级到智慧经济时代的一次革命。

本期博士微讲堂围绕"共享经济"与"绿色发展"共同推进这个主题，围绕贵安新区如何抓住机遇，在促进经济发展、产业升级、百姓富裕的同时，破解环保难题，实现"百姓富、生态美"的愿景等话题展开讨论，以期能够为国家级新区绿色发展贡献智慧。

相关讨论

潘善斌博士：

中央提出了五大发展理念，我们今天所讨论的主题就涉及其中两个主要的理念，一个是绿色，另一个是共享。共享经济有的称为分享经济，二者之间可以互用，本质上没有区别。

现在的"代驾""民宿"等，实际都是一种共享经济模式，大家将自己的东西拿出来与别人共享。从法律上说，其涉及所有权与使用权两者之间的关系。法律中有用益物权，东西属于自己所有，却可以由他人使用。最近中央提出，农村土地实行"三权分置"改革，所有权、承包权与经营权三权分置并行。共享经济实际上是一种资源节约模式，所有权不变，但可以拿出来与人共享，使用人给予相应的对价。这里的资源应从广义理解，通常理解的资源是物质形态上的，现在的代驾，就不是简单的物质形态，它是一种服务形态，有的还可能是精神形态。事实上知识产权也是如此，通过许可不断使用，其实也是一种资源的共享。

共享经济的第二个特征，是它需要依赖一定的环境和平台才能实现，它必须有一个较为发达的信息沟通平台，需要大数据和服务产业的支撑。

第三个特征，是共享经济必须有规则保障，规则是一种行为准则，像传统意义上的施惠、赠予等，从法律角度来说，共享经济不仅仅是一种道义行为，本质上还是一种交易契约行为。规则并不仅仅约束所有方和使用方，同时也涉及政府的监管。从某种意义上讲，只要规则、信息满足了，共享经济的对象可以是无穷的，可以是跨国界的。

第四，从原意来说，共享经济一般理解为一种消费方式。按照现在学者的判断，在共享经济当中，生产与消费两个环节是互相转换的，从某种角度上看是消费，从另一角度看就是生产，是供给、供给侧的创新带来消费模式的变化。

第五，共享经济的本质，实际上是把中国传统"大同"理念与现代经济发展模式有机结合，其中，不仅仅是经济技术层面，更深层次还涉及公平。

从绿色发展来看，贵安新区，就是未来城市的雏形，是要建设成为一个现代化的绿色新城，不单是树多、水多、山多，还是一个包括人的素质、意识、交往方式、生产方式和消费方式等各方面全面现代化的新城。在未来城市中，共享经济有哪些可行性的路径，应出新点子，大家一起琢磨。我们的法学研究生可以以此为论文撰写方向，如传统意义的好意搭乘以及滴滴专车，在所有权与使用权的共享中，法律应当如何监管，调整好各种利益关系，值得研究。

朱四喜博士：

我从事生态方面的研究，重点研究威宁草海，如草海的水、植物、鸟类的生态系统保护。今天这个主题，共享经济是一个新名词，属于热点，共享经济在中国有优良传统，从古代就有，只是它适应了互联网技术，将社会闲散资源通过互联网，尤其是在贵州这个大数据平台，把各种有形无形的资源（例如森林、草原、山林、矿产资源、风能、水利水电、劳动力等）利用互联网技术把闲散的资源进行整合，可以放在平台上，满足社会多样化的需求，这是从共享经济的概念上说的。生态的词根就是经济，ecology 与 ecological 都是同源词，所以我们的经济学就是社会学中的生态学，有一个新的学科叫生态经济学，国际上有一个《生态经济》杂志，所以两个词是一样的。

每年的生态文明论坛我都参与，其主题也是绿色发展，每一年的分论坛也都离不开绿色发展。

潘善斌博士：

朱博士在加拿大访学一年，加拿大生态环境保护方面做得很优秀，我们在某些方面也需要向加拿大学习。

朱四喜博士：

加拿大的大学也有专门从事农业生态的学院，但是加拿大的国情与我国不同，加拿大的国土面积大于中国，在全世界排名第二，但是人口却与贵州差不多，只有三千多万，地广人稀，城市很大很美，环境优美，我在 2015 年 8 月底前往，那里一路广阔，人烟稀少，一家人拥有很多土地，所以加拿大绿色发展可以做到，它的资源丰富，首先是石油，其次是原始森林。当森林发生大火时，加拿大并不派人灭火，只把周围的人迁走，或者隔断，因为灭火成本过高，树木也不值钱，另外从生态角度考虑，火在森林中是很重要的一个因子，土壤的营养，植物多样性，气候等，都属于自然因子，所以不灭火。中央电视台也曾经去采访，加拿大人少，资源丰富，依托伐木、石油、矿产，加拿大的历史发展决定了其绿色发展的程度。其休息时间宽松，可以连休三四天，每家每户都去外面度假，享受生活，但是工作时工作效率高，不同于中国没有上下班制的是，国外下班后不会因公事影响私人休息，不存在森严的等级制度，个人享有充分的自由。

回到绿色发展，贵州是长江、珠江的上游，贵州的保护对长江中下游，包括湖南、广西，以及广东等地都很重要。但是另一面，贵州的喀斯特地貌非常脆弱，所以我们不能说贵州的山多、水多就好，因为同时面临石漠化问题，所以将绿水青山简单等同于金山银山的概念并不完全正确，尤其是绿水青山不代表当地就是金山银山，其中涉及国家的政策问题、政府准予制度。我们贵州在上游种树、不砍树，上海是否要付费，国家应考虑，我们的绿水青山，仅仅靠黄果树瀑布卖几张门票是不能解决问题的，贵州应该大发展，如果我们把绿水青山、两江流域保护好，给下游做了生态贡献，中央政府应重视，法律、环保应呼吁这个问题。习近平总书记提出的"绿水青山就是金山银山"理念非常正确，但对于贵州而言，还有很长的路要走。不仅仅是靠拨款，额度很低，老百姓积极性不够，现在用钢筋水泥建房子，不像以前用木头，如果某一天木头突然值钱将无法保证百姓不去伐木，尤其是贵州等整个西南地区。

潘善斌博士：

我们法律上经常提到这个问题，四年前我指导的经济法研究生，当时做的就是贵州省生态补偿的制度建设，核心问题就是生态补偿。实际上，从大概念上说这也是一个共享经济、共享发展的问题。基于资源禀赋的不同，比如上海属于国家定位的优先发展主体功能区，大力发展现代化、高端领域。但在贵州，没有这个条件，需要维护好整个生态系统的平衡，我们保护好绿水青山。这个里面就涉及国家政策乃至法律上，贵州应如何分享现代化的好处。上海，地处长江中下游，分享我们优良的生态环境，我们如何共享他们现代化发展的红利。这实际上是一种合作，可以通过一个机制解决，涉及补偿问题以及财政转移支付制度改革。一种是纵向财政转移制度，还有一种是横向财政转移制度，横向来说，很多规则没有制定出来。在流域上，有流域补偿试探性的模式，如安徽上游有新安江，浙江下游有千岛湖，两个省之间采取合作模式，最初是一个亿，上游保护好，水质好，浙江就给安徽一个亿，反之则赔偿下游地区。贵州也有流域的补偿做法，我之前参与赤水河流域保护条例的制定，其中有一条，涉及补偿，赤水河是贵州的财富河，茅台酒都与之相关联，之前在贵州率先探索实行了"河长制"，前几天，中共中央办公厅下发文件，全面推行河长制度。这个是延续《环境保护法》修改后的要求，地方政府对地方环境总负责，包括水资源，整个生态补偿也体现一种共享经济，这种模式运行的机制，如何完善，如何制定更为明确的法律制度，是当下最紧迫的事。

朱四喜博士：

第一，现在贵州实行大健康、大旅游、生态扶贫等。涉及生态旅游，贵州是个好地方，自然、人文、青山绿水。据相关报道，贵州生态旅游存在一些问题，我们不能走老路，我们不能在青山绿水中赋予太多的人为因素，就是说，在进行生态旅游开发时，还是要生态优先；另外就是在国家湿地公园建设时，自然保护区建设的一个原则，即生态优先，它是指我们要保护好原有的资源，包括自然、人文，更多的是指把自然的东西保护好，而不是说为满足现在人们旅游的需要，而忽视原有的自然属性，在我们贵州的开发过程中要尤其注意此点。贵州现在包括农家乐、世界遗产自然保护区的开发不能一哄而上，我们的自然、旅游资源，不能在我们这代人使用完，应重视下一代人的发展，这涉及另外一个概念，可持续发展的概念，绿色发展、生态经济、可持续发展，都是一脉相承的，都是生态的一些基本原理。

第二，在贵州，生态旅游的法律制度安排是否能与时俱进，贵州的大数据等是否能落到实处，给老百姓带来实惠，是最重要的。贵州人能否在国家政策下享受实惠，生活水平、精神面貌是否有提高，教育水平是否有提高。很多理念很好，但是从生态方面，应真正考虑是否落到实处，很多问题相继暴露。

第三，最近另一热点话题是北方的雾霾，大面积的雾霾涉及环保法的完善和细化。现在的环保机构逐渐实行垂直管理的模式，在乡镇一级实行环保监测站，在市、省，包括流域，环保机构越来越多，环保的立法也越来越严格，管理规范，对于环保执法中的违法行为，国家在加大惩治力度，包括对直接违法者、包庇违法者、社会危害性程度方面，国家更为重视，法律的严厉程度渐强。与以往的罚款了事不同，现在是从环保的技术出发来实施监管。所以同学们应持续关注环保法的完善以及环保机构垂直管理的模式改革。

潘善斌博士：

第一，朱博士刚才提出的这个话题应引起高度关注，全国人大常委会刚通过了一部很重要的法律，我国新增加了环境税这一税种，而且是以立法形式通过的，叫《环境税法》。

第二，据2016年相关报道，江苏、河北去年产能不力相关省领导受处分。河北省的空气污染很严重，中央派时任环保部副部长李干杰担任河北省委副书记，目的是治理污染，完善环境治理机制。现在某些地方环境监测站存在作假现象，国家将此种权力收归中央统一管理，垂直领导，类似司法体制改革，由中央和省级两级统筹。

实际上，青山绿水到金山银山之间应有一座桥梁连接，不是拥有青山绿水就是拥有金山银山，金山银山在经济学上是一种财富的象征。如何将贵安新区青山绿水的价值计算出来是一个值得研究的大课题。如果说整个贵州省的青山绿水，整个生态服务的价值能够计算出来，那么整个省的绿色GDP必将大幅度上升，甚至排到前十名也不一定。其次，绿水青山到金山银山之间，国家要有政策扶持。目前，贵安新区有很多很好的规划，有水体的规划，有山体的规划，有道路的规划，实际都是以绿色为本底的。当然，共享经济涉及面宽，其中还有个重要的问题就是信用、保障制度和如何监管等的问题。

白正府博士：

今天核心的主题是共享经济和绿色发展，现在国家的口号与学者的观点，很多无法落实。为什么好的东西无法实现？因为这需要国家的扶持，一是国家政策，二是钱，没有政策和钱就无法搞绿色发展。

第一，共享经济牵涉的基本要素是什么，这些最基本的要素之间的逻辑如何？资源等于资本吗？资源等于有钱吗？它必须进入市场流通的体系中，进入现代化生产中，如果不能进入，就无法分一杯羹。现在为什么好的理念无法执行，国家没有政策，没有钱，就不搞绿色。

我认为，现在共享经济和绿色发展，很多地方做得并不理想，为什么？经济学上有一个比较优势理论，资源禀赋不同问题，上海的经济高效，能培养出高端人才，而贵州却很难。

分享经济依赖的最基本的就是成本应大于收益，因为本身就有合作剩余，两个人合作就有合作剩余。出卖剩余奶粉，交易成本很高，还不如丢掉，所以收益应大于成本，它的边际收益，卖掉奶粉需一个小时，而如果我在外做讲座则一个小时可以挣到至少 500 元，那么此时宁可扔掉奶粉，即便可以挣到几十块，此时就是比较收益原则，选择收益高的事情来做。例如照顾孩子选择农村妇女，长大则由我来教育，人各有所长。所以分享经济中应体现成本大于收益。第二是比较收益原则，假设都能达到，还有什么问题可以阻碍分享，则需要探讨。在制度经济学中，何谓好的制度？第一条，我们的制度如何规定某一个物品的产权，就像潘博士所讲的，有所有权还有使用权、承包权，它的所有权、经营权、使用权，这几个权利，最初无论如何规定，最后所产生的效果一样；还有一个条件，是这些权利可以自由交易。第二条，每一个初始产权规定的方面，只要有不同，就会有不同的交易成本。第三条，假设我们选择了一个交易成本低廉的制度，此时，制度本身维护的成本就是我们是否选择这个制度的判断标准。所以从制度经济学的角度上来说，判断一部法律好不好，即看是否达到它的最优，否则仍然有改进的空间。

如果要想达到共享经济和绿色发展，就应该达到这样一个制度状态。

王晓晖博士：

我是做社会学研究的，比较关心绿色社区发展的问题。共享经济，也被称为分享经济、点对点经济、功能经济、协同消费等。共享经济的概念最早源自《美国行为科学家》杂志 1978 年发表的美国得克萨斯州立大学教授 Marcus Felson 和伊利诺伊大学教授 JoeL. Spaeth 所著的《社区结构和协同消费》一文。1984 年，麻省理工学院经济学教授 Martin Lawrence Weitzman 出版了《分享经济》一书，提出采用分享制度替代工资制度的主张。早期的分享经济建立在物品所有权和使用权分离的基础之上，强调剩余资源的有效利用。共享经济是以某种"东西"共享为基础形成的业态；这种"东西"可以是有形的，如实物；也可能是无形的，如信息。从共享对象看，人们最常见的共享是实物，也可能是信息；可分出以下类型的共享：准公共物品（如基础设施）甚或私有财产、人力资源（如兼职或智慧共享）、技术装备（如专利、设计）、信息资源（基于互联网＋）等，共享经济，是一种绿色消费模式。从前，城乡朋友间的借钱、借东西或信息共享，都是特定形式的共享，那时的共享仅限于人们容易到达的空间范围，并且以诚信或信任关系为基础；信息化时代的共享范围不断扩大，并表现为以不同的方式盘活闲置物品、人力资源、资金、信息等资源，并获得相应的回报。实际上，国家发改委等联合发布《关于促进绿色消费的指导意见》文件，明确表示支持以 PP 租车为代表的汽车共享等在内的绿色消费方式。以自有车辆租赁、民宿出租、旧物交换利用等方式为主的绿色消费行为，是符合节约社会资源、优化百姓生活成本的有效方式，对完善社会信用体系有积极的帮助。

贵安新区坚持绿色低碳理念，利用后发优势实现经济发展的"弯道超车"，尤其是要走出一条社区"共享经济"新路径。社区是社会建设的最基层的细胞，把社区的共享经济运行好，社区绿色发展建设好，贵安新区共享经济和绿色发展就有希望。

潘善斌博士：

就贵安新区而言，怎样把共享经济和绿色发展有机统筹起来发展，是下一步的一个大课题。现在我们看到的许多生产和消费模式还是传统意义上的，这是不可行的。当然，要发展好共享经济，第一个前提，我认为是理念要跟上；第二个前提是信息交易与共享，要考虑交流成本，要使信息的成本几乎等于零；第三个前提是要构建起良好的信用制度和信息环境；第四个如何通过制度和平台规范中介，监管好市场。在这些方面，贵安新区可以加快探索，加快试验，积累经验，率先示范。

第十五章

绿色消费

（第 16、17 期，2016 年 9 月 2 日）

新城观点： 绿色消费主要通过消费端倒逼绿色生产，绿色生产催化绿色消费。包括绿色消费硬件、软件以及人的建设，硬件诸如互联网平台、绿色基础设施、绿色社区等，软件诸如电子消费软件、绿色产品标准、规章制度等，人的建设包括绿色消费理念、绿色消费文化水平、教育素质等。

新城有利于绿色生存方式可持续存在，坚持绿色消费联系你我，倡导绿色可持续发展，人人有强烈的绿色获得感。

关键词： 绿色消费　互联网　绿色社区　绿色理念　绿色产品

主题背景： 21 世纪是绿色世纪。绿色，代表生命、健康和活力，是充满希望的颜色。国际上对"绿色"的理解通常包括生命、节能、环保三个方面。绿色消费是指消费者对绿色产品的需求、购买和消费活动，是一种具有生态意识的、高层次的理性消费行为。

1962 年，美国海洋生物学家蕾切尔·卡逊（Rachel Carson）经过 4 年时间，调查了使用化学杀虫剂对环境造成的危害后，出版了《寂静的春天》（Silent Spring）一书。在这本书中，指出人类用自己制造的毒药来提高农业产量，无异于饮鸩止渴，人类应该走"另外的路"。1968 年 3 月，美国国际开发署署长 W.S. 高达在国际开发年会上发表了《绿色革命——成就与担忧》的演讲，首先提出了"绿色革命"的概念。1971 年，加拿大工程师戴维·麦克塔格特发起成立了绿色和平组织。1972 年罗马俱乐部提出"增长的极限"，报告提醒世人重视资源的有限性和地球环境破坏问题。

20世纪80年代后半期，英国掀起了"绿色消费者运动"，席卷了欧美各国。在英国1987年出版的《绿色消费者指南》中将绿色消费具体定义为避免使用下列商品的消费：（1）危害到消费者和他人健康的商品；（2）在生产、使用和丢弃时，造成大量资源消耗的商品；（3）因过度包装，超过商品本身价值或过短的生命周期而造成不必要消费的商品；（4）使用出自稀有动物或自然资源的商品；（5）含有对动物残酷或不必要的剥夺而生产的商品；（6）对其他国家尤其是发展中国家有不利影响的商品。

2000年初，美国学者艾伦·杜宁就在《多少算够——消费社会与地球的未来》里写道：消费作为影响可持续发展的三大因素之一（其他两者为人口增长、技术变化），应该引起人们的充分重视。设立在美国华盛顿的世界观察研究所研究表明，如果按照美国的消费模式，需要再造三个地球才能满足人类的需求。"绿色消费"的观念便是在这样的背景下被一小部分人提出，并渐渐在社会层面明朗化。这其实是一种反"消费主义"的理性力量。

归纳起来，绿色消费主要包括三方面的内容：消费无污染的物品；消费过程中不污染环境；自觉抵制和不消费那些破坏环境或大量浪费资源的商品等。

主旨内容：现阶段绿色消费发展的紧迫性。当下中国工业的迅速发展，资本的逐利功能，市场背景下自发地出现了过度消费、奢侈浪费等现象，甚至有的行业提出"有计划废止制"，更是加剧了资源环境的消耗。一般而言，消费数量的增加确实会促进经济增长，但只是促进了经济发展数量的增长，如果消费不是绿色的，就有可能造成资源浪费、环境污染、生态破坏等人类可持续发展的生存问题。比如，在生活中大量使用一次性筷子、纸杯、餐盒等用品；在攀比消费心理的驱动下，频繁更换手机、电脑、电视等电子产品，形成大量无从处理的电子垃圾；未对生活垃圾进行可回收与不可回收的区分；购买过度包装的商品等。社会对绿色产品的有效需求不足。消费者行为受到心理、外界环境等影响，会出现感情重于理智的现象，甚至很多消费者对某种产品、某个品牌的选择，仅仅是出于社会潮流和跟风攀比，而不是真正对其性能、质量和服务的了解和信任。此外，考虑环境、成本等方面的因素，绿色产品的定价普遍较高，无法被普通消费者接受，难以形成有效的绿色消费者群体。推行绿色消费模式，需要政府有关部门、企业和社会公众的共同努力，构建绿色消费的实施体系。

相关文件出台。近期，有关生态文明、绿色发展等相关国字号文件相当密集。2015~2016年就有《中共中央国务院关于加快推进生态文明建设的意见》《中共中央国务院关于印发生态文明体制改革总体方案的通知》《国务院关于积极发挥新消费引领作用加快培育形成新供给新动力的指导意见》《关于促进绿色消费的指导意见》《消费品标准和质量提升规划（2016~2020）》等二十余件重要实施意见。

我们现在所提倡的新消费不同于以往的传统消费。过去重商品消费，新消费还关注服务消费。过去重物质消费，新消费更关注精神消费。新消费还引领健康消费的新风尚，是节约、理性、绿色、健康的消费，而不是奢侈浪费、不健康、非理性、破坏环境的消费。绿色消费渐渐成为人们耳熟能详的一个名词，并的的确确改变了一些消费者的行为。要落实绿色消费，除了营造社会舆论，更重要的是，在便利性、舒适性等多方面都有相应的配套的基础上，使消费者"不得不"做出绿色选择。

绿色购买，有很多类似的称谓，如"亲环境购买""环境友好购买"等。绿色购买是指消费者在购买过程中对产品相关环保属性或特点的考虑及其购买活动，特别的情形是指对环境友好产品或绿色产品的购买行为。绿色购买是绿色消费的前提和基础。绿色消费是指以适度节制消费、避免或减少对环境的破坏、崇尚自然和保护生态等为特征的新型消费行为和过程。影响绿色购买最本质的因素是消费者的绿色需求、购买的文化、心理、人口统计以及情景因素。

人类文明的演替在每个阶段都有其相应的消费模式。在以人与自然和谐发展为核心理念的高级文明形态——生态文明时代，需要与之相适应的消费模式，即绿色消费模式。绿色消费是一种理性消费模式，人们将绿色发展理念贯穿于生活的各个领域（包括衣、食、住、行、用等方面），而且个人的消费行为不损害社会整体利益和社会风尚，不妨碍他人的学习、生活、健康和安全，有助于推进人的全面发展。

绿色消费是一种低碳消费模式，倡导适度消费，反对一切挥霍性、奢侈性、铺张性的消费观念和行为，在保证人们生活水平不断提高的基础上，逐步提高对自然资源的利用效率，走出一条高效低碳的道路。绿色消费是一种生态化消费模式，提倡消费水平要与当前的生产力水平相适应，推行清洁生产，推进资源循环利用，实现人口、资源、环境的和谐统一以及自然、经济、社会的可持续发展。

随着我国消费需求不断升级，而供给体系（特别是绿色供给规模和结构）还不能适应消费需求，再加上绿色产品缺乏权威认证和标识、尚未实现全生命周期管理、价格过高、不同于国际标准……这些因素都影响了绿色消费模式的形成。构建绿色消费模式，有必要从消费源头抓起，对供给侧进行绿色化改革，推动消费模式绿色化转向。

相关讨论

龙希成博士：

一是投资与消费的关系是什么？今天"三驾马车"中的投资和出口下行，要把消费突出出来，要鼓励甚至刺激消费，中国古代 GDP 在世界上算高的（麦迪森估算 1820 年中国 GDP 占全世界 1/3），那么中国古代有刺激消费的政策吗？我的看法是消费就是投资，消费并非吃喝玩乐、奢侈浪费，而是一种对个人发展、个人追求、个人实现的精心谋划与实施，是实实在在的对"人"的投资。其实科教兴国战略就是对"人"的投资，但投资主体是国家，现在要更加注重家庭和个人对"人"的投资，这样投资效率更高。

二是随着智能化社会的来临，城市的商业功能正在加速让位给"互联网物流"，那么城市将越来越变成学习中心、文化中心，不可能人人都是创新者，更重要的是把创新者的创新知识、"牛人"经验、最佳实践者技能、高人见识等迅速传播、消化吸收、普及应用。我们看到，有别于学校内的学历教育，社会可以为个人提供更能产生效益的学习机会，当大家说人们不敢消费、不愿消费时，我看到人们渴望有效学习、高品质学习机会的需求还远远没有被释放出来。

三是学习涉及场所，应该由政府提供或由政府和社会资本合作提供。学习涉及内容的个性化、多样化、个人需求的精准化，互联网大有可为。

学习涉及"学费"投入，金融可以大有可为，而且个人通过学习所获得的能力发展和人脉扩展，均可以成为很好的"抵押品"，当然还涉及人的信用。我们看到近年来各种培训班（当然目前还主要停留在应试教育辅导）雨后春笋般兴起，金融可以趁此东风，大有可为。

朱军博士：

构建"绿色消费社区"。总体上看，居民对绿色消费社区建设的重要性认识不足，主要体现在生活习惯、消费饮食、文化娱乐等方面。出现的原因：一是绿色消费理念没有完全牢固根植于群众心中，部分群众仍受原有生活习惯的影响。比如，部分群众以前吃的菜是自己后院种的，吃的猪肉是靠自己养的猪，在消费理念上一时难以改变和适应。二是新区社区公约还没有正式实施。尽管提出构建文明和谐和绿色社区，但相关的政策制度和体制机制没有建立起来，缺少正向激励和负向的惩戒机制，绿色社区构建机制相对滞后。三是被搬迁群众的就业和社会保障问题需要加大力度。如果搬迁群众生计和家庭收入来源得不到有效保障，一旦离开故土，住上楼房后无业可就，生活质量下降，就谈不上绿色消费。四是市民素质还需要进一步提升。从原有的农村生活，从主要从事第一产业转变到城市社区生活和主要从事第二、第三产业，在生产方式、生活方式、生活习惯上发生了根本性的变化。如果群众的市民素质与新型城镇化建设的速度不匹配，那么极有可能出现新的城中村，社区绿色消费理念就难以从根本上确立。五是社区配套不完善，将对绿色消费带来客观上的影响。社区要构建绿色健康的社区文化氛围，没有相应较为完善的配套设施，群众业余生活消费就可能出现偏差，谈不上绿色消费。比如，公共交通设施不足，必然影响居民出行，大量购买私家车，既造成停车场拥挤，甚至出现社区乱停靠现象，也不是绿色消费的行为。

建议把社区绿色消费纳入社区公约和推进新型社区建设，积极探索绿色消费社区的建设标准，推进"绿色消费社区"创建工作。

梁盛平博士：

电子消费促进绿色消费。我有幸参加八月中旬工信部电子科技委主任办公会，在贵安新区北斗湾举行，由工信部副部长怀进鹏院士主持。其中赵正平委员提到电子产业由工业到电子消费阶段，让我想到绿色消费与电子消费的关联，传感器产业在百姓生活中扮演重要角色。会议指出，软件产业有三次变革，第一次变革在 20 世纪 80 年代，是 PC 时代，软件开始成为商品，操作系统、数据库等基础软件的发展带来微软、甲骨文等公司崛起；第二次变革是 20 世纪 90 年代 ~2010 年，是互联网 +APPLE 带来的，互联网与信息服务业、IT 与 CT 的融合使得 Yahoo、Google、Apple、百度、阿里巴巴、腾讯等公司快速发展；第三次变革从 2010 年开始，以移动互联网和云计算的发展为主要特征（在中国以移动互联网为特征的电子消费的互联网经济正成为世界核心竞争力）。

电子消费由于虚拟的云平台作用显示出更好地保护了很多原生态、资源已高度平衡的城乡空间载体，充分体现了绿色发展要求，同时彰显了绿色经济发展新常态，也是中国在工业文明后最有可能在该领域新技术做出对世界最大的国家贡献，重拾中国在现代文明时期的大国担当。神奇的贵州还保留了在人类层面都可以骄傲的绿色发展村落，如黔东南州从江县占里村（700 余年人口零增长，资源与生产消费平衡）、岜沙村（树葬绿色文化，生来一棵树苗死去一棵成树）、加榜梯田（稻草鱼鸭垂直养殖体系），还有安徽的西递、宏村（一条小河孕育一个几百年的村庄，生命之水、文化之水、绿色之水）等。以上案例可以给予我们启发：充分利用电子消费更好地保护生态单元生态城乡，传承绿色文化，推进绿色发展。

主要建言

一是政府部门应灵活运用财政和金融杠杆的调节作用，在信贷、税收等方面给予绿色产品生产企业一些扶持政策，鼓励其引进先进的绿色生产设备，采用环保工艺流程，开发并降低绿色产品的成本，使其价格能被广大消费者所接受。制定绿色采购政策，即以政府的购买力为依托，通过签订优先采购资源再生产品的合同，引导和支持企业的节能环保行为。完善绿色标志制度，健全绿色产品认证和市场准入制度。

二是企业应树立绿色发展理念，把绿色标准贯穿于整个生产经营活动中（包括采购、设计、生产、制造、工艺、运输、销售等），积极采用绿色技术，加大资金投入，更新生产设备，丰富绿色产品的供给结构。企业应注重对人才的培养，加强技术创新，提高生产效率，丰富绿色产品的品种和数量，降低成本和价格。同时，企业应做好绿色营销，对绿色产品的需求、动态、消费者购买欲望及支付能力进行市场调研，并根据消费者的绿色需求，在营销方案中突出绿色产品的文化特点、品牌标志，不断满足消费者的心理和行为需要。

三是应将绿色生态以及大数据教育内容纳入国家教育体系、计划以及各地区的发展规划中，在大、中、小学生中普及绿色发展教育。各级政府部门、学校和行业协会等机构应担负起对消费者、生产经营者进行绿色消费教育的责任，利用各种宣传工具和手段，积极宣传环境保护和绿色消费知识，使绿色消费理念深入人心。

第十六章

绿色金融改革创新探索

（第 35 期，2018 年 3 月 12 日）

新城观点：生态文明建设必须理清生态环境（环保）与金融、发展与生态、后发赶超与比较优势、专项资金与绿色金融等关系以及如何有机化的问题，围绕绿色金融改革创新除了创新有关政策体系和设置绿色标准建立绿色项目库外，还要不断探索绿色金融产品创新，包括绿色信贷、碳金融、绿债、绿债再贷、创新保险、绿色基金等。

新城需要新动力，绿色金融是新动力核心，化绿色金融社会效益于市场内生动力，不断提高绿色金融在新城的功效。

关键词：绿色金融　绿色新动力　绿色产品　绿色项目库　绿色政策体系

摘要：为初步形成辐射面广、影响力强的贵安绿色金融服务体系，切实推进绿色金融改革试验区生态文明建设和绿色金融创新协调发展，特开展"博士微讲堂"讨论会，以绿色金融作为新区核心驱动力切入，探索贵安后发赶超新动力，为翻开新区生态文明新篇章献智献策。

这期博士微讲堂（总第 35 期）围绕"绿色金融改革创新探索"主题讨论，本次讨论从不同角度对绿色金融的发展意义、绿色金融的发展情况及发展过程中存在的问题进行了分析讨论，包括目前新区绿色金融体制机制创新不足、政治措施不完善、资金融资渠道窄、特色化不明显以及人力资源引进等问题。

讨论中，罗贵琴助理对贵安新区生态环境情况做了分析，说明目前贵州省正在开展关于饮用水源二级保护区是否能设立排污口的研究，此项研究将对贵安的环境保护与发展有重要意义。梁刚博士根据自身的实践经验，结合广州花都区、浙江、新疆等地区的创新做法给出了很多很好的建议及思考，给大家带来了深刻的启发，首先为贵安绿色金融的特色发展创新途径提供了好的借鉴，比如创新保险产品，包括浙江衢州的"环安险"、中国太平保险（香港）的"绿色基础资产保险"和"个人绿色健康保险"，比如绿色发展基金包括西藏正在开展的"绿色产业引导基金"，绿色信贷包括广东正在开展的"绿债再贷款"、碳金融等金融工具和相关政策支持经济向绿色化转型的制度安排。其次提出了贵安可以成立第三方绿色金融咨询机构的思考，包括碳排放权交易所、节能环保绿色产业认证中心、环保管家等类似机构，充分发挥贵安国家级新区先试先行的作用，实现带动贵州辐射西南的可复制可推广的经验。最后梁刚博士还表示建立健全绿色金融体系，需要金融、财政、环保等政策和相关法律法规的配套支持，也需要金融机构和金融市场加大创新力度，通过发展新的金融工具和服务手段，解决绿色投融资面临的期限错配、信息不对称、产品和分析工具缺失等问题。

相关讨论

梁盛平博士：

首先对北京中博联智库创新技术研究院院长梁刚博士的到来表示热烈欢迎，很荣幸能够邀请梁刚博士来贵安新区生态文明国际研究院参观指导，同时我们也有幸邀请到国研经济研究院西南分院王玉敏副院长，贵安新区环保局罗贵琴局长助理以及新区产基公司的王鹏副总经理，他们都在为贵州的绿色经济发展做贡献，今天能抽空前来参加绿色金融发展交流讨论会，在此表示热烈欢迎，也欢迎其他博士、专家以及新区内部致力于绿色金融发展事业的相关工作人员（略），对大家的到来再次表示欢迎，感谢各位百忙之中来参加本期关于"绿色金融改革创新探索"的讨论。

梁刚是清华大学的博士，对环境保护与金融两方面都有深入的研究，同时也在中博联智库创新技术研究院工作，此次过来希望对贵安新区绿色金融发展有所了解，我们也借这个机会相互学习和交流。我先抛个砖，我认为贵安新区发展经历了四个阶段，第一个阶段就是土地融资阶段，第二个阶段是发债融资阶段，第三阶段是基金融资阶段，第四阶段就是绿色金融阶段，前三个阶段为绿色金融的发展做了很好的铺垫，目前新区开发投资公司下面包括金融投资公司等几十家子公司，金融投资公司包括产业基金公司和新型城镇化基金公司。我们先请梁刚博士交流下。

梁刚博士：

首先感谢各位百忙之中来参加此次关于"绿色金融改革创新探索"的交流讨论会，这对我来说是一个很好的学习机会，先为大家介绍一下中博联智库研究院，北京中博联智库创新技术研究院（简称"中博联研究院"），注册于北京市海淀区，由清华大学、北京大学、中国科学院、中国社会科学院等高校和科研院所的博士后、博士以及社会各界博学之士组成科技创新创业团队，中博联学术委员会致力于打造全球华人知名的高端智库，目前拥有来自 100 多名海内外知名高校和科研院所的博士后特聘专家，组成了环保与新能源、遥感与大数据、金融、医疗、法律、智能制造、化工与新材料、农业等 8 个专业委员会，其中多位学术带头人师从"两院院士"等知名科学家。中博联研究院本着"真抓实干，务求实效"的原则，力求为地方政府和企业解决实际问题。

中博联研究院侧重于环保和金融两大方面，我本人也是学习这两个专业的，本科是学习环保的，我个人对金融投资这块比较感兴趣，也有一些在金融公司和投资公司工作的经历，包括在吉林省的一个金控集团做过战略规划部兼投资部的总经理，分管过两个子公司（互联网金融和投资公司），在这些工作中积累经验。关于"绿色金融改革创新探索"这个主题，中博联研究院在京津冀区域经常会做一些相关的小型论坛，也在全国范围内做一些调研，如对香港、澳门、广东花都、广西等区域进行了相应走访，为广西撰写了一份 2017 年绿色金融发展研究报告，报告中提到发展北部湾核心区的主要优势，了解到香港相关部门非常支持绿色金融，正准备以香港政府的名义发行一组绿色金融债券（125 亿美元），等等。

中博联研究院专注于环保和金融两个领域，聚集了环保和金融两个领域的专家学者，专注于绿色金融的研究，通过与梁盛平博士的交流，我了解到贵安新区实现了很好的发展，特别希望能借此机会跟大家交流学习，今天到场的都是这两方面的专家，也希望各位能够分享一下关于绿色金融发展过程中的一些实践经验。同时，在今后的发展中希望能够有一些合作，再次谢谢大家。

王鹏：

大家好，欢迎梁刚博士的到来。我先给大家介绍一下新区基金投资公司这边的情况，主要说一下融资。一是新区融资从 2013 年建立至今，都属于"小政府大平台"，公司的资产规模很大，融资能力也很强，但新区政府属于在一张白纸上画图，白手起家，所以财政方面需要不断成长和蓄积，公司这边的常规财政融资只能进行一些规模较小的政府发债融资。二是公司大部分的资产主要还是通过自身土地融资获得的土地资产。三是公司进行常规的发债，通过银行这边做表外融资业务，走基金的模式。重建了两只基金，其中一只是新型城镇化发展投资基金（500 亿规模），但是由于 2017 年的《资管新规》下发，这只基金就受到了一定的限制和影响。新区这边还未涉及太多的其他融资模式。

目前，新区金融体制机制还不健全，绿色金融港建设面临发债规模受限、融资渠道难等问题。新区从 2013 年建设至今已有五年，基础的骨架、路网和产业都已经建立，因此组建了这个产基公司，公司大部分的资金来源于银行，《资管新规》下发后，银行政策调整，大部分银行只允许做项目贷款和发债，银行表外资产就变得不充足，我们也就无法使用这种方式，新区体制机制还未健全，很多项目很难达到银行项目贷款的要求，发债规模也容易受到限制。整个贵州省发债的规模都很有限，资金也非常少，受到《资管新规》的影响，融资渠道变得比较狭窄，而保险渠道也还未打开，保险资金较少，目前只有两家保险公司来给我们评级，其他的保险公司对西部区域还在观望，不愿意介入这个领域。

总的来说，2018 年的难点还在于受政策的影响，融资渠道比较狭窄，我们也探讨过引进海外资金的问题，是否可以通过充分利用新区的绿色金融拿到海外资金，为此我们也在思考和准备一些好的产品。针对这个问题，梁刚博士能否给予一些意见及建议。

梁刚博士：

前不久刚去香港、澳门相关部门调研，也面临这样的问题，其实港澳都很希望给内地投资，但是境外资金的确很难进入内地，一些老一辈银行业专家分析，我国的监管并不很配套，国家没有明确说明不允许资金流动，但就是限制非常多，比如必须有实体，资金的流动也一定要管控得很清楚，从金融属性来说，资金的流动性是受限的。我可以先给新区提供一些可能有用的信息，作为参考。

一是融资租赁途径。我认为境外资金是很好拿到的，目前澳门经管局正在考虑特色金融，主要包括三个方面，融资租赁、碳交易排放平台和理财。二是碳交易是绿色金融的核心，贵安新区具备这个先天优势。贵安新区虽然工业不是很发达，但是生态资源有绝对的优势，把这些生态资源量化，就是碳交易（碳汇），比如一个水电站和一片森林相比，水电站有直接的经济效益，森林没有，但森林有林汇、碳汇，贵安新区山清水秀，森林覆盖率在40%左右，这是一个很好的禀赋要素。三是成立贵安碳交易排放中心。据我了解，贵州现在有一个资源交易中心，但是没有碳交易排放权，主要是水权和排污权，贵安新区作为国家级新区具有代表性，是具备可复制可推广性的示范区，若能成立一个碳交易中心，并取得好的成果，就可以广泛传播、遍地开花，立刻结果。

此次调研我去了广州和深圳两地的碳排放交易所，目前碳汇在国际上可交易，虽然因为地区经济差异、市场差异等比较大，还不能跨区域交易，但是如果能把省内的做好也不错。目前我国有北京、天津、深圳、上海、广东、湖北、重庆7个碳排放权交易试点，2018年全国碳市场正在启动，今年是全国碳交易市场启动元年，以后政策出来了，各省之间应该也是可以交易的。

梁盛平博士：

我简单说两句，刚才王鹏博士提出了绿色金融融资渠道狭窄的问题，我想这是5省（8区）乃至全国都普遍存在的，如果有好的创新经验，可以借鉴学习一下。梁刚博士最近在全国各地开展调研，为我们带来了很多有用的信息和可参考的解决问题的途径，很受启发，其中有几点应该关注：

一是拓宽境外融资途径。境外资金充裕而内地市场广阔，好的产品必然可以打开这个通道。二是探索碳交易排放平台新机制，贵安新区乃至贵州的碳汇储量是非常丰富的，贵安新区作为国家级生态文明示范区应当担起先试先行的责任，尽快成立碳交易中心，在国家7个碳排放权交易试点学习的基础上，探索符合贵州省情的碳排放权交易新机制，为西部地区提供可复制可推广的经验。三是加强与各智库平台的合作，贵安生态文明国际研究院也希望将联合平台搭建起来，实现信息的共享、人才的共享，共同发现问题、解决问题，推动一个个新的好的事物的发展，也希望能够为国家生态文明进一步建设献智献策。

张智斌：

首先很感谢梁盛平博士给我们提供这个交流学习的机会，我也简单说一下绿色金融办的情况以及面临的一些问题和挑战。目前我们在整理绿色金融创新改革试验区的政策措施，全世界的绿色金融都是在试验当中，还未成形，也就是说我们没有框架可以参考和借鉴，各国各地的绿色金融发展路径都还在探索中。贵安新区关于绿色发展从政策层面的措施推进应该怎么做，贵安绿色金融的特色是什么，在这个过程中社会、企业与政策的互动又应该怎么样，等等，长期以来我们所思考的是贵安新区需要制定一项真正适合贵安且独具特色的政策措施，想请教一下梁刚博士有什么好的意见建议，也非常感谢有这个机会过来学习。

梁刚博士：

很荣幸能够参加这次讨论会，其实"绿色金融怎么特色化"这个问题是普遍存在的，各地也都在探索，这次调研也有一些新的收获，可以供新区这边参考一下。

一是绿色保险。在浙江两区调研的过程中，衢州正在做一个新保险产品"环安险"，把环境责任保险和环境安全保险合在一起，以这个"环安险"作为他们绿色金融的一个亮点，国家对环境安全的要求很高，我想贵安也可以借鉴一下。

二是绿色债券。咱们国家的绿色债券做得很好，2017年我国发行绿债的总量占全世界的近 22%，获得了国际认可，但我也认同王鹏博士的观点，绿色债券需要更多的国家政策的支持，绿色金融还是金融属性，绿色金融是否健康发展，取决于政策程序是否可以匹配，否则金融是什么颜色的可能都没有实质的意义，金融机构不可能赔钱去做，所以也希望国研经济研究院或者致力于这方面的研究机构能够了解到这个需求。

三是"绿债再贷款"。即发行第一笔绿色贷款之后不需要政府补贴，绿债后再贷款就可以获得国家政府间接补贴。目前广东省向中国人民银行申请绿债再贷款，就是银行在向其发完绿债之后可以为其再贷款，通过再贷款实现利率的降低，间接地获得补贴，这种方式对银行是有很好的推动鼓励作用的，贵州是否也可以做一下，这可能不直接和贵安相关，但是对于绿色金融发展是有间接推动作用的。

四是绿色基金。西藏现在正在做一个新的产品，绿色产业引导基金，主要是满足绿色产业引导基金要求的具有发展潜力的项目可以优先获得基金支持，这里的绿色产业不只是金融，还包括环境保护、环境治理和生态旅游等产业，这项绿色基金政策对绿色产业发展是很好的支持。贵安新区是否具有类似的政策，可以努力发展一下。

五是开拓创新绿色保险。在绿色金融里面，绿色保险是非常有空间的。比如说太平保险，太平保险是唯一一家总部在香港的金融央企，太平保险和太平洋保险不是一家，太平保险是国务院领导的香港境外保险，太平保险的级别高很多。为什么提到太平保险，主要因为太平保险正在推出绿色保险产品的开拓创新，比如绿色基础资产保险，就是投资绿色基建或建筑，对购买这些建筑的企业和个人就会优先购买到太平保险；再比如个人绿色健康保险，根据个人的消费习惯是否绿色来评估和降低保费，包括素食主义者、绿色出行者、植树等公益活动参与者等具有绿色生活或者健康生活习惯的个人，这样一方面在培养人们健康的生活方式的同时宣传教育和推广了绿色生态文明文化，另一方面紧跟国家政策，促进了绿色发展。除开这些，包括刚才提到的"环责险""环境安全联合责任险"等创新产品，其实这些保险都是有长远效益的，而且有的效益也是可观的，但相对而言，绿色金融产品的确存在收益低、周期长、风险大等问题，政府不能完全让保险公司担着这个担子，当然保险公司也不愿意，新区这边是否可以建立一个担保机制，促进保险公司投资绿色金融产品。

王鹏：

正如刚从绿色金融办了解到的，目前新区这边准备做一个绿色产业发展基金，已经报由省财政厅批，还未批下来。其实不管是什么基金，只要是从金融机构拿基金，都很不好用，除非由省政府出面背书，但这就属于政治债务，省政府也不会愿意，有多少基金取决于政府有多大财力，省政府每年能拿到挺多资金的，但这笔资金属于专项专用，专项基金不好用，监管非常严，政府的思路一般不是按照投资的思路，而是按照财务审计的思路，所以政府财政的钱不好出、也不好用，正如梁刚博士描述的，拿到这笔钱你不花不行，花错了也不行，花慢了不行，花快了更不行，拿到这笔钱，政策是好的，但是资金运转的现实过程中，的确也成了束手束脚的限制。大概就是这样一个情况。

梁刚博士：

刚才大家讨论了对绿色金融的发展探索，现在谈一下绿色金融本身，谈谈金融与环保的关系，而绿色金融不能从金融或是环保单方面走，必须是环保结合金融。

一是绿色金融的属性还是金融，但必须结合环保。我个人认为绿色金融是绝对不能离开金融属性的，要尽可能的结合环保，纯做环保是没有出路的，不能将环保这件事限制得太死了，环保的所有效益都是长远性的，不可能立竿见影，但是环保可以通过绿色金融转型升级。

二是我国环保督察越来越严，看似只是环保，但其实是产业的转型升级。环保做得不好的企业，往往也是产能落后企业，这样的企业肯定是效益低的粗放型产业，生产力落后导致能耗高，能耗高导致排放高，所以，环保督查真正的内在逻辑是为供给侧结构改革服务，供给侧改革"三去一降一补"（去产能、去库存、去杠杆、降成本、补短板），环保督察就是"去产能"的抓手，倒逼产业转型升级。

三是绿色金融作为供给侧结构改革的抓手应运而生。环保督察过程中面临很多问题和挑战，与企业产生了很多矛盾，企业认为"不给钱，还让掏钱治理，没钱就是要命"，这个时候绿色金融便作为供给侧结构改革的抓手应运而生，绿色金融应做到"一疏一导"，一方面控制企业污染，另一方面给做到污染防治的企业一些福利，否则就是"又要马儿跑得快，又要马儿不吃草"。

四是充分解读、把握和运用政策，紧密结合环保和金融，让"绿色金融"真正"活起来"。环保其实有很多资金，如果能把这些资金盘活了，那么环保就有生命了，怎么结合，就是与金融结合，这本身就是绿色金融。相信国家下一步会有一些实质性的政策出台，环保和金融应该紧密联合，环保部近五年颁布了《土十条》《水十条》和《大气十条》，通过政策解读我们可以发现，这三个政策都蕴含了商机，国家也给这些条例配备了充足的资金，包括研究、典型案例项目的扶持等。

罗贵琴：

通过梁刚博士和大家的探讨学到很多，也获得很多启发，刚才大家提到环保资金这一块，我简单介绍一下，环保资金都是专项专用，就是拿到资金之前就已经确定这笔资金的用处，这样是好的，但是同时资金的使用也存在较大的局限性。比如说之前农村环境综合整治的项目申请到了经费，在实际实施中想与美丽乡村项目建设统筹起来，考虑更为全面充分且实际地将这笔资金投入使用，但贵安新区自身的项目配套资金需要融资，由于前一笔资金有项目框定和时间限制，在时间和项目上都有冲突，导致两个项目的开展都受到影响，目前尽管项目已经到期，但这部分资金才只用了50%，剩下的都要收回。这种问题是项目开展过程中普遍存在的问题，整体资金灵活度不够，导致很多时候都不太敢申请资金。

以上是关于环保资金，我再简单介绍一下贵安新区生态文明建设面临的挑战。

一是贵安新区生态敏感而脆弱，保护与发展该如何平衡。贵安新区饮用水源二级保护区已经到了20%以上，一级是10%以上，准保护区通过了50%以上，一方面是保护，一方面是发展，新区需要在经济发展和环境保护之间寻找一个平衡点。最近省里面正在做一项研究，探究饮用水源二级保护区周边能不能设立排污口，或者添加一些保护设施以后，污水的排放对其水质会不会有大的影响，如果没有太大影响，是否可以在下一步立法时候取消这一条，也就是在一定排污范围内，允许有一定的发展，以便新区能够在控制总量范围内开展城市建设，做到环保、发展两不误。

二是新区人力资源比较欠缺，导致工作效率滞后。新区人才人力均比较欠缺，原来我们是省厅的派出机构，现在划转为贵安新区的内设机构，但是我们单位总共20来人，正式编制只有3个，人力资源流动性较大，环评、环监工作及各乡镇的巡查工作等都需要人力，现在我们也只有借助大数据的手段去安排工作，依靠乡镇的河长、湖长去执行和开展工作，通过电子打卡监管，这样做也是有利有弊。

梁刚博士：

刚才听了新区生态文明介绍，感触很多，我也提供一些自己的想法，可以参考一下。一是新区发展与环境保护的问题。国家现有一个饮用水水源保护区保护条例，这个条例具有法律效力，了解到新区的二级保护区的确挺多，也可以说是划线划得太紧了，是不是可以将二级保护区划出来，然后补一下，当然这个补充的面积不能少于原有的，而且水质也要优于原有水源，所以调区也不好调，本来常规是不建议这样做的，但是为了发展的话可以尝试一下。二是人少事多，工作效率低的问题。新区是不是可以使用环保第三方，引进一些类似的企业，比如北京这边就有环保管家，这些环保管家对国家政策、环保法律法规以及环保治理的手段和工艺都有很专业的了解。以此为借鉴，新区就可以通过第三方绿色金融咨询机构引进一些金融机构和环保机构，并将两者联合起来，金融有时候可以解决环保的困惑，环保反过来也能促进金融发展。关于第三方绿色金融咨询机构，我这边也是在为大家提供一些相关的资料，第三方绿色金融咨询机构既要有环评工程师，又要有基金创业资格，就相当于一个企业让其环评工程师进行环评，再交由基金公司或金融机构作为参考。新区可以考虑一下。

王玉敏：

通过大家的介绍，我获得了很多启发，不得不先说一句，我对第三方绿色金融咨询机构比较感兴趣，最近与贵州科学院院长交流，了解到他们获得了节能环保绿色产业认证资质，我们就希望他在贵安这里设一个据点，比如说我们贵安有什么产业，通过他们的机构评估认证，报到国家工信部，每年会有一定资金的补贴。我认为研究院还可以打造为一个具有环保、金融、绿色产业等的评估认证资质的认证中心，真真正正地把事情做实了。

柳弋祎博士：

我是学习经济的，但是对绿色金融这方面还有待学习，现在跟着梁盛平博士做一个新结构生态经济学的研究，对贵安新区的新结构生态经济做一个总结分析。我们现在正在寻找贵安新区的比较优势，贵州相对落后，人才优势和产业优势都比较欠缺，从经济学角度而言，新区是没有绝对优势的，在这种情况下，怎样找到贵安的比较优势，是我们比较关心的地方，贵安新区有国家级绿色金融改革创新试验区这块牌子，我们应该怎么利用这个牌子找到自身的比较优势，同时和其他新区进行对比，对比同样区位或者同样情况的新区之间，新区可以后发赶超的途径，刚刚梁刚博士说到碳排放交易，我们是不是可以通过这个作为独特的优势去弥补新区产业链上的空缺。针对这些问题，梁刚博士表示会在调研后期整理一些资料发送给我们，在此感谢您愿意为我们提供一些好的案例，再一次感谢。

王玉敏：

今天很感谢梁刚博士过来，给我们带来很多好的信息和思路，从您这里的确学到了很多东西，现在贵安新区和全国来比还有很多不足，我们不得不正视这些差距。

一是开投公司紧跟国家发展创新理念。开投公司原来是新区党工委管委会下面的国有企业，是一个平台企业，现在是一个市场化的创新公司，在城市建设方面，开投公司大量融资创造了新区平地上的高楼以及现有的基础设施建设；在产业建设方面，公司践行"绿色金融+"理念（绿色金融+绿色交通、绿色能源、绿色产业、绿色消费、绿色建筑），着重发展"三大一新"（大数据、大文旅、大健康、新能源新材料）产业，绿色金融实质还是金融，但是走金融的老路是走不通的，根本还在于创新。

二是着力建立智库平台。开投公司很重视智库，并建立了一个共 300
多人的智库专家库，一部分是国研经济研究院的共享专家，一部分是社会
高端人士和各大高校的专家人士。公司希望用智库做一个载体，把社会各
界的高端人士和专业人士连接起来，作为支持开投公司，支持贵安新区，
辐射贵州，带动西南的一个平台，这也是成立国研经济研究院西南分院的
原因，借助"国研"这个平台，将其专家智库与我们本地的高端人才相结
合，把贵安新区"三大一新"的研究做实，做到项目引进、项目落地，推
动绿色发展，最终将专家资源转化为生产力，这是公司追求的目标，也是
我们专职办努力的方向。同时我们非常希望能跟中博联研究院合作，实现
资源的共享、信息的共享和人才的共享。再一次谢谢梁刚博士的到来，这
次时间有限，希望接下来能继续进行相关合作的交流。

梁盛平博士：

由于时间的关系，今天的讨论会到此结束，今天的交流讨论会给了
我们很多启示，开了个头，希望下次可以有更好的交流合作。再一次感谢
梁刚博士关于"绿色金融改革创新探索"给予的意见与建议，为贵安生态
经济的发展研究献智献策，同时感谢大家的参与，也期待下一次的交流
讨论。

第十七章

生态文明建设双驱动："大数据＋"
与"绿色金融＋"

（第 42 期，2018 年 9 月 17 日）

新城观点：以"大数据＋"为基础，以"绿色金融＋"为手段，在人类发展与自然之间找到一个最大的公约数，我认为这就是生态文明建设双驱动的使命。李会长谈到三点，第一点是贵安的生态文明建设走在全国前列。第二点就是期待贵安新区在绿色化等方面更好地发挥示范作用。第三点是中国生态文明研促会愿与贵安新区、贵安生态文明国际研究院加强支持服务合作，共同推进生态文明建设。

新城在绿色化方面如何抓，一是发挥规划的作用；第二是绿色转型；第三个是体制机制；四是全民行动；五是绿色的文化。

关键词：生态文明建设　双驱动　大数据　绿色金融

摘要：为深入学习贯彻习近平生态文明思想，扎实推进生态文明研究工作，促进绿色生态经验交流和成果共享，2018 年 9 月 17 日下午，邀请到了中国生态文明研究与促进会执行副会长李庆瑞、中国生态文明研究与促进会碳汇研究中心副主任范东旺、郑州航空港区规划建设环保局副局长任岩、郑州航空规划建设局监测站站长高建伟一行 4 人赴贵安新区考察指导。同时还邀请了贵州民族大学李乔杨教授、贵州省金融研究院副院长马绍东、瑞典隆德大学博士后潘彦君、贵安新区管委会主任助理骆伟、贵安新区发展研究中心梁盛平和规建局、环保局、发展研究中心、开投公司战规部、白山云公司、新特公司等有关同志参加下午的交流座谈会暨贵安生态文明研究院博士微讲堂总第 42 期。本次会议的主题：生态文明建设双驱动："大数据＋"与"绿色金融＋"。会上大家围绕生态文明建设、大数据发展和绿色金融建设经验进行了热烈的交流，并对贵安新区生态经济进行了探讨，探索贵安生态经济的特色。新区各部门对其目前开展的关于生态文明、大数据等工作，包括项目开展的情况、取得的成果等进行汇报并与各位同志交流学习，同时进一步加强双方交流与合作，大家都有所启发，达到了思想交流与碰撞的目的，实现资源共享，一起为推进生态文明建设工作而努力。

相关讨论

骆伟：

我先介绍一下新区的情况，因为刚才李会长也说了这是第一次到新区来，刚才咱们去规划馆看过，那个实际上是对新区整个规划建设的一个介绍。贵安新区是国务院批复设立的第八个国家级新区，其战略定位是西部地区的重要经济增长极、内陆开放型经济的新高地、生态文明的示范区。贵安新区规划范围 1795 平方公里，21 个乡镇，位于贵阳市的上游，在贵安新区核心区的红枫湖水库是贵阳市的水源地，所以整体来讲在新区的开发建设过程中，生态保护应该是一个非常重要的任务之一。贵安新区直管区范围是 470 平方公里，下辖 4 个乡镇。

2015 年习近平总书记和李克强总理都到贵安新区来视察了，当时习近平总书记对新区建设提出了"两精三化"（精心谋划、精心打造、高端化、绿色化、集约化）。李克强总理考察新区时强调 10 年建设成为一座西部山地型现代化新兴城市。从 2014 年到现在，新区发展了四个多年头了，总投资近千亿，建设主干路网就达到了 700 多公里，这是我们新区的基础设施方面。另外新区遵循习近平总书记"两精三化"的指示要求，我们也在强调定位绿色，要有绿色发展的意识，同时在产业方面也要发展绿色产业。新区的产业，是强调以大数据为引领的五大新兴产业，包括电子信息制造业、高端装备制造业、大健康、大旅游现代服务业，这五大新兴产业不但契合了高端，还契合了绿色。新区于 2017 年批复了绿色金融改革创新试验区的试点，同时我们也坚持绿色生态。从这几个方面来讲，实际上我们也是在贯彻落实贵州省在第十二次党代会确定的三大战略——大扶贫、大数据、大生态，在这三大战略的实施过程中，我们也强调守住"绿色和发展"两条底线。

从贵州省本身来讲，它是国家级生态文明试验区（三个省之一），这是在去年的时候，由中央深改领导小组，审议通过了贵州生态试验区的实施方案。作为新区来讲，刚才讲我们是生态文明的示范区，在生态文明示范区方面，可能更多的是强调整个生态制度的建设，所以在制度方面我们出台了一系列实施方案规划，这里面就包括我们直管区的产业定位，我们会有一个引进落户的企业的负面清单，对一些污染严重的企业，我们在负面清单内设一个门槛，在产业布局、区域空间布局方面都会有所限制。从机制方面，我们有十河百湖千塘生态文明的建设。另外在绿色金融方面，去年获批试点之后，我们也在绿色金融方面出台了一个总的实施方案和优惠政策等，还有整套的风险补偿机制。产业方面，我们发展五大新兴产业，大数据是我们的一面旗帜，所以我们在发展五大新兴产业的时候，强调大数据，要引进一些数据中心这样的项目进来，我们的数据中心有别于其他地方数据中心的建设，我们强调打造和建设绿色数据中心。

在这儿我也跟李会长多说两句，关于这个绿色数据中心，一个是强调PUE能耗指标，它实际上是用所有的 IT 设备的能耗和数据中心所有的设备产生的能耗相比，越接近 1 表示越绿色。目前新区的这些绿色数据中心，在设计值上是按 PUE 小于 1.4 进行设计的，为什么我们讲设计上，因为数据中心目前建设运营的都是一期，每个数据差不多都是按照三期来规划建设的，现在一期已经建成并投入使用，所以这些数据中心目前的负载没有达到满负载，也就是说它的实测值跟顶层设计之间会有偏差。这里要特别强调一下富士康，大家都知道它是一个电子产品制造商，但是作为企业来讲，它有一些企业数据要进行存储，所以它自己也建了一个数据中心，它的数据中心不光是在数据中心建筑本身，其绿色建筑获得了美国 LEED 铂金级认证，它自己的数据中心的 PUE 实测值能够达到 1.06。从这一点来看，我们新区在引进产业的样本上面，也是秉承绿色的概念，就是说我们以大数据来发展新兴产业。从这些数据中心的能源来讲，贵州产煤，原来是火电为主，但我们现在慢慢地以清洁能源为主，因为贵州有 8 条水系，水电相对于火电来讲更清洁、更绿色，2017 年落户新区的苹果数据中心，当时落户新区的时候，就强调它的数据中心的规划建设要采用可再生能源，不用火电，而且它当时想探索实时应用分布式的光能，与水电综合使用。

我们也强调不光有绿色金融，也强调环保方面 + 大数据的应用，我旁边坐的就是环保局的同志，他们单位是在新区应用大数据比较好的一个样本，环保部现在改名叫生态环境部，贵安新区环保局建了一个环保云平台，稍后我们环保局的同志来详细介绍。实际上就是把水环境的污染源，包括水域的流域这块，通过信息化的手段，进行监测与实时采集，然后实时监控。然而要做到在 470 平方公里的直管区的整个水域和 5 个污水处理站的全面全监控，新区的环保云大数据是走在前列的。

我们是国家级新区，生态文明示范又是我们的三大战略定位之一，不管是作为产业发展也好，还是作为整个生态文明建设的制度和体制机制的探索也好，我们按照国家层面上的要求，把大生态作为战略之一。作为生态文明试验区，新区强调习近平总书记视察时提到的"两精三化"，所以整体来讲，新区把绿色发展、生态发展作为一个重点核心，这就是新区大概的情况。

今天的主题是大数据 + 金融，所以我也更多的强调生态角度、大数据产业，主要侧重于绿色生态层面，所以过会我们在交流的过程中，在座的各位同志再跟李会长介绍一下各方面的情况。

罗贵琴：

李会长您好，那我就接着骆主任说的再给大家介绍一下贵安新区生态和环保方面的情况。去年国家批复了三个生态文明试验区，其中有一个是贵州。在国家批复的贵州实施方案里，贵安新区承担了两个突出的试点，第一个就是绿色金融，这一块是点名要贵安新区来负责做亮点的；另外一个是垃圾分类回收，这个是新区另外的部门在负责。所以说这两年，贵安新区抓绿色金融抓得比较紧，就是说在这块工作上面也有一定的亮点，稍后绿色金融的同志会做具体的介绍。新区生态环境方面主要是水环境比较敏感和突出，现在我们一共有 3 个饮用水源保护区，一个是红枫湖，是贵阳市的主要水源，是贵安新区和贵阳市共同管辖。第二个是松柏山水库，第三个是今年刚刚批复的凯掌水库，加起来现在贵安新区饮用水源准保护区面积已经超过 50%，所以水环境这方面特别敏感，在项目引进各方面的压力比较大。贵安新区又是生态文明示范区，领导也非常重视，党工委管委会在 2013 年率先出台了贵安新区生态环境负面清单制度，从各个方面对产业的引入制定了非常精细的要求。贵安新区成立以来严格执行生态环境负面清单制度，到现在为止光我们环保局就已经否决了 14 个重点项目，估算总投资超过 32 亿元，这个力度也是非常大，这离不开党工委管委会，要不然我们肯定压力也非常大。

国务院批复成立贵安新区的里面就提到贵安新区要做一个生态文明建设规划，所以我们去年就已经把这个规划做出来了，另外我们还配套做了一个贵安新区环境保护规划，去年已经先后出台了。刚才骆主任介绍到大数据的运用方面，由于现在环保部门人员方面的限制，我们率先引进了数字环保云平台。它解放了人手，就是说我们在现场布置，结合现场和局里面的总操控，在局里面就可以看到现场的实际情况。第二个就是打通局里面内部各个处室之间的关系，比如说环评审批部门和现场的执法部门，他有中间的一些环节，没有办法很好地沟通，在系统上面环评审批部门把项目审批后马上推送到项目监管部门，自然地推送这个任务以后就可以直接领到该任务，就知道哪些项目是已经批了，能够及时对它进行后续的监管。我们现在这个平台有 9 大功能区，新区河长制是我们环保局在负责，新区生态文明也是环保局在负责。在这方面我们投入的财力或精力，主要想用大数据来解决。我们环保局是之前是省环保厅的一个派驻机构，在人手方面非常紧张，所以我们希望借助大数据更好地做到生态环境的监管工作，我就简单介绍这些。

骆伟：

我插一句，我们新区当时批复设立的时候，省里面是给了 88 个事业编，14 个内设机构。党工委管委会是贵州省政府的派驻机构，属于省里的派驻机构，不在这 14 个内设机构里头。新区内设机构更多的是大部制，一个部门对应省里的省直机关可能要对应十几个到二十几个。像这样的话，人员数量就非常紧张，但是他们环保局是最稳定的一支队伍，新区 2014 年成立，他们 2013 年就在这里，而且他们的工作做得也非常扎实。

梁盛平博士：

李会长第一次来贵安新区，我们有宣传片，等一下我们放一下，这个宣传片是五分钟的欣赏片，欣赏贵安新区的生态。

杨秀伦：

贵安新区开发投资公司战略规划部，主要就是做一些产业研究、政策研究、国企改革、法人治理等工作。开投公司成立于 2012 年 11 月，作为贵安新区开发建设的执行层。因为最初有三层，省委省政府成立贵安新区规划建设领导小组（省长兼任组长）是决策层，新区管委会是管理层，开投公司是执行层。

我讲一下跟大数据、金融有关的产业。首先开投公司做产业的定位，叫"三大一新"，就是大数据、大文旅、大健康、新能源新材料，作为我们开发建设的主要产业。在这个核心产业之下，我们也做一些房地产，这是属于基础成本的一个产业。同时我们做金融支持我们的实体产业，这也是一个重要板块。开投公司对绿色金融港做了很多事情。大数据这一块，几个数据基地基本上在电子信息产业园，贵安电子产业园投资公司原来属于开投公司，后来独立出去，大数据项目主要是他们那边在做。开投公司主要做一些应用层面的，云谷公司就是做一些大数据的应用开发，现在通过引进合作等为上市做准备。

金融板块我们旗下有一个金融投资公司，是开投公司的一级子公司，现在该公司注册资本金将近 60 亿，是目前占我们总公司资金最多的子公司。金投公司除了银行牌照没有以外，其他相关牌照基本都有，通过参股控股等各种形式，像保险、保理，还有基金等基本上都覆盖了。金投公司通过绿色金融的支持，做我们应用的产业，在整个公司梳理了跟绿色产业相关的项目，通过我们这个平台去做一些绿色项目包装等。

大数据以外，包括环保景观绿化这一系列，还有新能源汽车等，是产业投资公司的一个参股公司。新特公司也在做股权的改造，慢慢地我们今后会更多地通过这种基金形式来投入。此前我们的很多产业都以股权形式来投资，因为股权投资回收期比较长，对我们的报表影响也是比较明显的，所以现在慢慢地对这些企业都通过各种基金来进行投资。现在像我们的金融投资公司，它旗下也成立了很多基金，这个产业基金我们会有一些二级母基金，后续的产业，核心都是通过基金形式来运作。

我们其他的业务跟大数据、金融的关系不是太大，建设板块、商贸板块，都是作为城市的配套服务，因为我们开投公司现在定位就是城市综合运营商。刚才提到的大数据也好，金融也好，只是这旗下的一个支撑板块。时间有限，围绕大数据和金融，我就简单谈这些。

李庆瑞：

我们既谈好的经验，也可以谈现在在大发展的过程当中，包括"大数据+""绿色金融+"的过程遇到哪些问题，体制机制上的、政策上的，特别是对国家还有哪些好的建议，通过中国生态文明研究与促进会可以向有关部委提建议，也包括对我们研促会的建议。

梁盛平博士：

刚才主要是了解情况，今天很多专家也是第一次来贵安新区，那我们就开始今天第二个阶段的讨论。听听各位专家的建议，特别是李会长刚才给我们这么大的一个平台和渠道。

马绍东博士：

其实我对绿色金融也是持学习的态度，因为我们是在贵州这个地方来谈这个问题，所以我就想结合贵州谈一点看法。绿色金融改革创新试验区在全国来讲第一批次是五个地方，贵州落在贵安新区先行先试，我想贵安新区绿色金融改革创新试验区要立足贵州，面向西南部，辐射全国，最后还要把它建设成为在世界上有一定影响力的一个新区。

立足贵州，我想谈一点看法，贵安新区做绿色金融发展，提出绿色金融"1+5"模式，包括绿色制造、绿色能源、绿色建筑、绿色交通、绿色消费。现在也做了很多创新绿色金融产品，当然都非常好。但是我看绿色金融"1+5"主要集中在第二产业和第三产业，对第一产业还没有提到。现在贵州省大扶贫、大数据、大生态三大战略，前面也提到我们大扶贫和绿色金融怎么结合的问题，我们看"1+5"模式上面没有提到这一点，那我在想这个大扶贫的问题，因为我们贵州省贫困人口相对全国来讲是比较多的，那么我们怎么来把绿色金融和扶贫结合起来，甚至说到2020年，贫困人口脱贫之后，会不会面临返贫的问题，一旦出现我们怎么来解决。我们把这个问题跟绿色金融紧密结合起来，也能够帮政府松松绑解决一下，因为我想农业无非就是几块，一个是传统农业，我们怎么把它生态化、产业化，绿色金融在其中能不能发挥它的资源配置优势，能不能再做一些项目或些工作。第二个就是优势农业，我们怎么通过绿色金融的资源配置，把它做大做强。还有一个就是循环农业，贵州省有没有循环农业我也不是很了解，因为我们下去调研的时候，接触的多是前面那两种。因为确实感觉到贵州省脱贫攻坚是比较严峻的，所以说现在看到贵安新区做得更多的在第二、三产业方面，跟普通老百姓相结合的，还是有点不足。我就想提这么一点，说得不对的地方，请各位领导和专家批评指正。

李乔杨博士：

很高兴收到梁主任的邀请参加今天的会议。因为我关注贵安新区已经好久了，大数据是贵州的三大宝贝之一。社会发展得太快了，以至于让人喘不过气来。IT 时代还没有来得及说再见，DT 时代就已悄然驾到。但是，我还没有把大数据是个什么东西搞出个头绪来，mega data plus 又来了。现在，大数据可以在当今各行各业中发挥作用，而且能量的确大得很。比如在数字经济的战略、内容上，在社会智慧治理上等各行各业。无论在哪一领域都得到运用，比如对当前的资源予以最大化、最优化的利用，还有"预测"等。因此，有人说大数据将为人类的生活创造带来前所未有的可量化变化，也有人预测大数据会成为新发明和新服务的源泉。我要说的是：凡事都是对立的统一。大数据到底有多好，"大数据＋"到底能加到什么程度，这要看我们持一种什么样的世界观。

马克思主义哲学认为人类社会是一个有机体。既然是有机体，这个有机体就有生、死。因此，说这个世界开始的时候，人类不存在；说这个世界结束的时候，人类也不会存在，是不是就是符合逻辑的。实际上，人类社会从诞生的那刻起，就充满着矛盾，是建构与解构的对立统一。这个世界为什么会结束，不会是狮子也不可能是老虎在搞鬼，毫无疑问，是人类自身在瓦解这个世界，人类自身成了摧毁这个世界的催化剂。人类社会发展到今天，大致经历了采集狩猎社会、农业社会、工业社会这么几个发展阶段，现在除了非洲等几个发展中国家之外，基本上都进入了工业社会阶段。人口学研究表明，人类人口达到第一个 10 亿，经历了 200 年的时间，到 20 亿经过了 100 年，到 30 亿经历了 30 年，到 40 亿的时候用了 15 年。现在全球人口已经达到 74 亿多了。全球的 74 亿人每天都在消费，按照这个速度消费下去，大家心里十二分地清楚将出现什么问题。青菜吃完了，撒一把种子过几天又长出来了，这没问题，那石油呢？煤炭呢？这个可不是一两周时间长得出来的。

19 世纪，德国物理学家赫尔曼·赫尔姆霍茨（Hermann von Helmholtz）说人类的发展方向是从有序向无序方向发展，直到热寂那一天的到来。目前为止，我觉得这个有道理，因为我找不到其他的道理来代替这个道理。我刚来贵阳的时候，人们说，爽爽的贵阳，那时我信，这也是事实，现在我是不太信了，我估计以后会更不爽。究其原因，我觉得是人类与环境之间缺少对话，环境说的话，我们听不懂，或者我们不愿意听，也不愿意懂。我们说的话，环境也听不明白，但环境有自己的逻辑，我们有我们的思维。如果人类社会与其生存的环境是有机体的话，人类和它的行走方向就会一致的，就会一同赴死。所以，我们在高调赞美大数据、大数据 +，是给人类创造福祉，倒不如用它去研究最高层级的解体过程来得实惠，研究如何让人类放慢死亡的脚步。如果是这样，那么这条途径，就要靠绿色金融、绿色金融 + 来实现。以大数据 + 为基础，以绿色金融 + 为手段，在人类发展与自然之间找到一个最大公约数，我认为这就是生态文明建设双驱动的使命。因为，这个世界不只有眼前的苟且，还有诗与远方，否则，人类与其生存的环境同归于尽，只不过是时间的问题。我讲这些，是把它们放在一个宇宙的维度来加以考虑。这是我对"大数据 +"及"绿色金融"的理解。今天的主题是："生态文明建设双驱动：大数据 + 和绿色金融 +"。我讲的只是学术方面的探讨，秉持价值中立的原则。

潘彦君博士：

说建议不敢当，因为我也是刚来新区，所以我还在学习当中，因为我也是人类学研究出身，跟李教授一样的，所以简单来讲就是在找一些关于人的故事。从我目前大概的了解上，我觉得新区有好多很大的项目，也有很多的园区在推动。我今天也托李会长的福去参观了几个公司，我初步的感觉是没有看到人的那面，有点像刚刚马院长讲的，我想进一步了解在当地新政府大的政策项目的推动下，人们感受是什么，他们的生命历程是怎么去呈现的。所以我想从人类学研究的方式来讲，因为我们非常注重深度田野调查，所以要长期跟人互动，新区就提供了一个很好研究方式。我们围观去看，一个族群、一个小区实际的影响，这就是我为什么要在这边做一年的调研。我目前也是在初步探索哪些是可能的长期去研究的田野的地点。所以目前我主要有这些观察，前面的同志也讲到关于推广大数据产业跟基础建设的部分，我非常感兴趣，希望后面能够进一步了解。

任岩：

刚才听了骆主任和各位领导的介绍，我觉得贵安新区的生态文明建设是比我们想象的要好太多了。一个是我觉得国家领导人对这里的要求非常高，寄予的希望非常大，包括习近平总书记、李克强总理都做了要求。特别是习近平总书记说的"两精三化"，这个确实我们达不到的，因为自然环境差别太大了。我们中原地区跟贵州的自然环境差别太大了，生态文明建设生态要好，特别贵州的生态我觉得在全国是最好的，这个是很好的资源，很好的基础。我们港区就缺少这种资源，如果没有水，要搞生态规划就特别难。现在就是把污水处理厂的水做成中水，作为河道里边的景观水，水是流动的还可以，不流动的时候，很快就变成黑臭水体，这是一个难题。

郑州航空港区现在国家批复的是415平方公里，就目前这个水平大概容纳60万人。建城区只有不到80平方公里。主要是刚说的富士康，它进入以后就有30万人。港区是2013年3月7日国务院批复的，上升到国家战略层面，是目前唯一一个由国务院批准设立的航空经济新型区。但是它刚开始建设的时候，可能就三件宝，一个机场，一个富士康，一个综保区，后来把园博园争取建设到航空港区。2017 年的 9 月开园，园博园的建成，把港区的生态、绿色提升了一个很高的档次。当时港区定位的四大产业，一个是高端制造，一个是航空物流，一个是电子信息，再就是生物制药。我们下午参观了你们的新能源汽车，还有几个产业，我们也是望尘莫及的，这种好产业确实很难到我们中原落地。现在我们高端制造这一块多数是以智能终端手机制造为主，现在基本上中国所有品牌的手机在港区都有生产。我们需要交流探讨的，是环保大数据平台，这个是真的把大数据用在环境保护和环境执法过程中了，如果有机会希望能去学习参观一下。

梁盛平博士：

我这边提三个问题，刚才按照会长要求提问题就是我们现在发展中生态文明建设的问题。

第一个问题是生态文明建设是涉及人类未来的一个事情，贵安新区也是把生态文明作为自己的使命在推。新区发展五年来，我觉得现在生态文明建设方面最大的问题就是资金的注入不足，我们面临融资第四个阶段资金再大量注入发展的阶段，就是说生态文明发展链到后面需要更大的去注入。我个人认为贵安新区发展五年来，经历了四个阶段的资金安排，第一个阶段是什么？就是土地融资。土地融资也融到了钱，作为第一批的配套资金主要在做城市基础建设。第二个阶段是发债，因为开投公司刚成立，没有很大的债务，所以发债效果也比较好。第三个阶段是基金融资，我们发了十多只基金。那么第四阶段就进入绿色金融阶段，实际上它目前还处在社会效益大于市场的动力，如何转化成为落地关键。大家都讲绿色金融很好，实际上很多人也不了解它，真正得到融资的规模不大。

贵安新区在 2018 年 7 月签约 3 个技术创新绿色金融项目。绿色金融项目包装时碰到绿色标准不明确，还有在推广过程中很多项目因为发展快存在缺手续等问题。钱的问题是生态链建设面临的一个很重要的问题。

从生态文明的中期建设来讲，我个人认为第二个问题就是培养大家的生态文明习惯。每个贵安人都要懂生态，都要有一个很好的生态习惯，我觉得这一块工作要开始启动。具体的措施有待完善。

第三个问题走零碳区是发展趋势。贵安新区未来必须走零碳区发展，真正的生态文明示范区就是一个零碳区，这是个理想的状态，这一块的课题研究我觉得可以开始探讨。生态文明建设是一个既要谋划又要务实，还要提前布局的工作。

把贵安新区当成一个生命体来看，当成一个新兴城市来看，当成一个真正为生态文明做示范的载体看，它有优势也有劣势，优势就是没有建成，劣势是要全面性的问题。通过我个人的研究分析，我认为贵安新区和雄安新区是城市4.0阶段，观山湖新区是城市2.0，贵阳市的老城区是城市1.0。观山湖区的那种靠迁移市政府机构和"种房子"的阶段是过去了，第一个新城形成的阶段就是疏老城建新城，具体的手段就是房地产商，再搞不定市委市政府及相关部门迁移过去，肯定能转移老城区的人气，这个叫作城市2.0。贵安新区批复设立建设到十八大之后，这是个新时代，大家很重视生态文明建设，尤其是中央层面，所以我认为贵安新区是直接奔到了4.0阶段。这个要求是很高的，我觉得贵安新区和雄安新区应该是一个类别，都是城市4.0。我就说一下这个问题，最后请李会长来做总结。

李庆瑞：

今天我带部分同志到贵州省贵安新区来学习调研考察，时间不长，但是收获很大。看了部分高新技术产业的发展情况，主持开了这个座谈调研会。骆主任、梁院长和在座的专家同仁谈了新区建设的经验，分析存在的问题，提出了非常好的建议，这对我们调研组开展全国生态文明研究和促进活动将起到很大的帮助作用。我们将把大家的意见建议，把我们学习考察了解到的好的经验带回去，并在我们的工作当中加以参考重视和运用。借这个机会代表中国生态文明研究与促进会对贵安新区、生态文明国际研究院、各位领导及各位同志表示问候，并对你们为生态文明建设所做的贡献、付出的辛苦表示感谢，你们的盛情的接待和安排，让我们也大饱了眼福，深受启发和震撼，也一并表示感谢！

我谈三点看法：第一点是贵安的生态文明建设走在全国前列。总书记、总理对新区的建设规划蕴含生态文明和绿色发展的理念表示肯定，贵安新区的基础设施建设、项目的建设、产业的发展，都贯穿着绿色发展的理念。新区的生态环境质量良好，走在全国的前列。这里有生态文明国际研究院，特别是我们梁院长，前天在成都会议上也给我们分享了好的经验。刚刚听他的建议，已经把环保和发展完全融合在一块思考，这就是今天上午我讲的经济要环保，环保要经济。

第二点就是期待贵安新区在绿色化等方面更好地发挥示范作用。我们是生态文明示范区，比生态文明试验区更进一层，试验就是在境内试验，试验成功了之后才对外示范推广。直接就给咱们贵安定的示范区，示范就是对外示范，就要有阶段性的成果，能随时对外示范。所以贵安新区在绿色化等方面的示范作用包括多个方面，一个是产业绿色化，咱们今天去参观的绿色化都挺不错的。咱们少量的农业也要绿色化，要发展生态的旅游，要发展生态的服务业，生态的健康产业，生态的装备制造业，等等。再一个就是发展绿色金融，还有生态文明大数据、生态文明体制机制改革、生态扶贫等，也期待新区在这方面能继续走在全国的前头，不断地发挥示范作用。我们会不断来这里总结你们的阶段性成果，然后往全国宣传推荐。至于说在绿色化方面如何抓，你们已经抓得很好了，有几点建议：一是发挥规划的作用。规划是龙头；第二是绿色转型；第三是体制机制；四是全民行动；五是绿色的文化等几个方面。

第三点是中国生态文明研促会愿与贵安新区、贵安生态文明国际研究院加强支持服务合作，共同推进生态文明建设。今天也算是表个态，我们中国生态文明研究促进会大力支持贵安新区生态文明建设。既然习近平总书记对我们有这个期望，让我们发挥好智囊智库、桥梁纽带、支撑服务的三大职能，我们对贵安国家级生态文明示范区就要全力支持。再一个我们要尽可能地搞好服务，也愿意搞好合作，因为咱们是国际生态文明论坛的永久举办地，是国家级生态文明示范区，所以我们愿意共同合作开展相关活动，共同推进国家的生态文明建设。好吧，也算是表了一个态度，具体开展哪些活动接下来咱们再说。

最后再次祝愿贵安新区，祝愿我们贵安生态文明研究院、环保局等各个部门在生态文明、绿色化方面上新的台阶，再给全国起示范带头作用，也欢迎各位到北京去我们研促会。好，再次感谢你们今天的盛情安排，给我们分享这么好的经验。

下篇 **为民生**

第十八章

传统村寨复兴

（第 25 期，2017 年 1 月 21 日）

新城观点："三农"问题，在有几千年农耕文化的中国一直存在，国家层面陆续提出新农村建设、美丽乡村和现在进行的乡村振兴等行动计划，其目的就是推进"三农"问题纾解。专家学者深入传统村寨与村民村主任一起讨论传统村寨如何复兴，智慧火花四起，启发多多，包括对传统村寨价值评估、村民完全参与、复兴设施建筑、催化村寨产业新动力、组织有效保障、创新金融产品、共同富裕等。传统村寨复兴包含三种类型：就地提升型、整体搬迁型、未来整合型。

新城的基础在于村寨和社区（村社共同体），基础不牢、地动山摇，新城的繁荣稳定在一定层面就是村寨共同体的复兴。

关键词：传统村寨　村社共同体　乡村振兴　综合发展　全村参与

摘要：村寨与社区的社会秩序建设在社会建设中具有特殊重要的意义。我国社会是否稳定和繁荣基本取决于社区和村寨的稳定及百姓的幸福，这个现象数千年没有变化过。因此，村寨和社区的建设有必要单独提出来讨论。

社区和村寨作为城乡最基本的自组织单元，是新兴城市的基础，其健康可持续发展程度事关未来城市的发展和稳定。所以这期微讲堂直接深入贵安新区马场镇长陇村组，讨论村寨的复兴。各位博士专家围绕"复兴什么"展开讨论，从村寨文化载体、村寨微经济、民族建筑、共同富裕、兼职农户、社村共同体、"农转非与非转农"、内置金融（互助金融）、农业服务业化、"十户长"等进行讨论启发。

更为欣慰的是，曹福全村主任听了很受启发，允诺其甘河村为微讲堂提供永久性讨论平台，扩大微平台影响。微讲堂将围绕一个村寨和一个社区进行讨论和试验，尝试探索山地特色社村共同体发展路径。

相关讨论

梁盛平博士：

开个篇：今天把2017年第2期微讲堂放到村寨里进行，讨论的主题就是复兴传统村寨。以后要坚持把微讲堂设在最需要的基层，立足于四两拨千斤。下面有请本期的刘孝蓉博士。

刘孝蓉博士：

来到贵安新区看了很多村子后，还是有一些感触的，感觉它和原始的村落还是不一样。我对生态博物馆了解比较多，例如：贵州的六盘水成立的中国第一个生态博物馆，是从欧洲引进过来的，这里原始的苗族文化及村民自治组织符合生态博物馆成立的要求。但引进后出现了一些问题，而当时是没有预见到的。由于贵州村寨文化保存得比较好，后面成立的有贵阳的镇山村（布依族）、黎平的唐安（侗族）等。把"洋"的理念引入，有时候就不太适用，因为中国制度是自上而下的，然后我们就研究能不能从村民本身去修复他们自身的文化，传承他们的文化、并且发挥他们村落的力量。村庄的治理一般都是外来专家告诉他们怎么做，恰恰就是这种方式，把村落原生态及三观都改变了，特别是价值观方面改变得最明显，实行起来感觉和初衷有出入。对于村落复兴这个问题，由于受中原文化等方面的影响，也在不断变化，所以想借此机会，听听大家对"村落复兴"的建议。

柴洪辉博士：

"传统复兴"，复兴什么？我认为这是一个问题，更大程度上大家都认为从文化方面着手，可文化是需要一个载体的，而现实告诉我们传统的文化载体一直在消亡，换句话说，农村人（农民）更向往城市的生活。所以，从这个角度复兴的话，究竟复兴的是什么？事实上农村外出打工的越来越多，而他们挣钱回来的第一件事就是修房子，那么以往的面貌还在吗？我们应该在城里人都说这个地方好的同时，让这里的人也实实在在感觉到它的好，并且希望保护这个传承的载体。而这中间又有很重要的一点，政府在承担这种载体中很重要的一条，就是基础设施建设，如废水处理方面的问题、垃圾处理的问题。也就是说，"洋"的东西进来了，怎么接地气的问题。

宋全杰博士：

我们应该重视规划，规划要管长远的东西，农村和城市的建设是不一样的。为什么要提倡"乡愁"？乡愁就是一种不太容易改变的东西，所以说这种规划要管得非常长远，把好的东西留下来，才会让人们认为是比较好的"乡愁"。这就要求规划者要长时间待在农村，和村民共同完成这个规划，以使其经得起历史的考验。另外我觉得硬件方面，要把村落的风貌保留住，里面可以根据个人习惯及喜好进行改造，但外在风貌要传承下去，如象征性的树、广场，一定要做好，村镇一体化联通。最后我认为动力很关键，我们应该把产业和发展联系起来。发展旅游是个方向，但不能都发展旅游，否则会出现问题。所以要想好、选好一个点，做长远的打算、周密计划，要有产业的引入，形成发展的动力，然后再去实施。

柴洪辉博士：

由于搞村寨规划不赚钱，所以搞规划专业的人都在搞城市规划，他们学的也是城市规划。村寨规划难搞，如前所说村里有类似歪脖子树的，在如今的社会已经留不住了，人们会想方设法把它弄走。很多乡村，办完美丽乡村后都不再美丽了。开农家乐，城里人来吃，觉得农家乐做得好，结果我们的政府跑去给开农家乐的老百姓一培训，菜该怎么炒，该怎么样，结果一培训，全部培训成城市大饭店的路子了，于是人家都不来了。

杨壮：

今天的主题叫村落的复兴，刚才柴博士讲的时候我也想了一下，村落复兴，复兴什么，哪里需要复兴，我觉得这是一个根源问题。首先村落的基本功能是什么。

要复兴首先要把它的基本功能搞清楚，村落无非就是两个功能：生活和生产。生活就不用说了，生产什么？以前是农业，现在是工业、商业、服务业，这是一个发展的过程。我们现在来讲村落的复兴，首先是弥补它的功能。我不仅仅是要把它传统的、历史的复兴，这只是个表面，我觉得最重要的是功能的复兴，就是生活和生产，因为整个人类历史是在发展延续的。在这个过程当中，生活上，比如刚才大家都提到的，因为城市确实发展在前面，它其实也是一个村落的转型，所以农村也好，村落也好，城市的短板在什么地方，不是说一定要互补性地拉平，但至少要有一个趋同，大家变成一致的一个过程，这是生活。

生产就涉及一个规划，当然不仅仅是建设的这种规划，更多的是产业类的规划和整个发展的规划，这种情况要搞清楚，如果讲方法大家都明白，毋庸置疑每个村落都不一样。生产是根据整个村落的具体情况来布局和规划的。复兴，从功能来讲更多的是为了经济发展。但不知道每个村落具体是什么情况就无法布局，就像我们搞园区一样，从新区来讲，原来都是农村，发展成工业区，下一步要建城市中心，变成商业区。它整个的过程，就是怎么来布局。村落的没落，比较向下的趋势，除了之前讲过的物质层面上的，还跟我们整个社会发展的生产方式的变化有关系。比如说一个村，老人留下了，年轻人都出去发展了，这个趋势无法避免，除非村落的发展能够赶上城市或者工业区，才能把他们吸引过来。

刚才大家讲到文化，讲到村落的复兴，除了物质上的，就是文化上的。文化复兴是什么，大家提到的例如枯井、一棵大树，或者祠堂被移走了，这只是个表象，更多的是一个村落代表中国的一个灵魂，一个文化的灵魂，一个农业乡土的灵魂。我们中国的文化是根植于农业的文化，即使现在也没有变。另外国外的文化，美国是一个移民国家，包括北美、南美、大洋洲，都是移民地区，但是传承者都是欧洲人的后代，或者是黑人的后代，或者是印第安人的后代，他们继承的文化实际上和欧洲是一脉相承的。这种文化就是一种灵魂的传承，而不是局限于一个村落。所以我觉得村落的转移是必然的。文化到底需不需要保留，到底需不需要转移，就相当于中国文化和西方文化的碰撞。所以刚才大家讲村落的复兴，实际上它代表了好几个层面。物质上就是生产和生活，更重要的就是大家讲的文化上越拔越高，文化就变成了我们中国的文化怎么发展的问题。我觉得每个文化都有它的优点，但也有它的局限性。当今社会，是交流的社会，各种元素都是流动的，也不能够固守，为了保留而保留，我觉得是没有意义的。

许文博士：

这是一个由外到内的保护，而不是复兴了，里面这些人，他想保护吗，他不一定想保护，他也不知道要保护什么，我们真的要保护的时候，就要到村子里面找到村子的历史、文化，特别是找了解的人。我们外来的人来复兴、来保护，那我们保护的就是城市的内容。要先找到亮点，比如几千年后像花溪青岩古镇一样能存得下来的，有旅游价值的。如果我们保护的东西没有价值，那就没有必要保护。

柴洪辉博士：

我不太同意这个观点，我们复兴的是什么？复兴的是文化，为什么要保护它？这中间就是一种寻根，换句话说，就是对我们自身的拷问，我究竟是从哪里来的，而这本身就是中国文化，尤其是我们一直是农耕文化，我们的根还是在农村。我们可以把乡村弄得有特色，而不能说它没有特色就不保留，因为我们的根在这里。在汉文化中间，扩展到整个中华文化，是很重要的一个环节。从文化的角度保存传统村落，就是把我们的根传承下来。

梁盛平博士：

改革开放 40 年来，市场经济快速发展，人与人之间的关系充满了市场的味道，尤其是村寨中原有的血脉集体与秩序。为了更好地可持续发展，既要坚持经济发展带来物质生活水平的提高，也要坚持村寨原有秩序的修复，增强公德心，增强集体荣誉感，增强文化认同感。

曹福全村主任：

我们的村落是一个有机联系的整体，保留村落首先要有灵魂，一个村如果有一两百年的历史，它就会有它的特色、文化以及一些代表性的东西，它就是一个文化载体、家族载体。现代社会不断发展，对村落的保留我们要有所选择，如文化方面就一定要保留。在规划方面人是第一要素，规划要与"人性"结合起来，如果人的素质等方面跟不上，那也是起不了作用的，所以说规划要围绕"人性"和"自然"来做，结合好了、处理好了，我们的规划就成功了。在乡镇垃圾处理方面我认为主要有三个方面：一是政府的督促力度不强，二是村里的领导班子思想觉悟不高，三是管理水平达不到一定的境界。所以，在管理方面一定要选拔有一定素质的人，特别是要有责任感和发展的眼光，规划村落文化上一定要结合当地的民风、民俗，进而确保民族文化素质的提升和个人文化素质的提升。这需要我们下很大的功夫，而且用心很重要，村民在物质和精神文明方面共同提高。

胡方博士：

传承复兴村落文化，与我们的生产方式息息相关，如果要搞村落旅游就一定要有特色，如何保存、如何传承是值得我们思考的问题。

曹福全村主任：

贵安新区传统村落保传承，一方面是注重乡村基础设施建设、环境卫生和生态的保护；另一方面要提高老百姓的综合素质文化修养，两者结合才能更好地传承和发展。

胡明扬博士：

我们发展传统村落文化一定要挖掘出当地的民族特色，搞一个全省第一甚至全国第一，那发展是最有潜力的，比如少数民族的"逃难文化"就是一个很好的看点，对旅游开发很有促进作用，不能乱开发，一定要先规划。所以做规划的人一定要把全省的资源都摸清楚了，才能去做小的地方特色，做出来不能同质化。

任永强博士：

我们今天讨论的传统村落保传承和保护很有意义，我觉得不是所有的传统村落都值得去保护和传承，我们应该保护传承有意义的古典村落文化。怎样才能更好地传承和保护，从规划方面来讲，有多种评判标准，涉及跨专业多方面多领域的参与和讨论研究。传承与保护需要内生动力（当地的民族文化特色）和外生动力机制（政府支持）等相结合，主动作为，寻求根文化，才能很好地保护、传承和发展。

刘珣：

传统村落文化的复兴，我们大家都是从三个方面阐述。第一，拥有特色民族文化村落的旅游开发。第二，真正的传统村落文化的传承和保留。第三，传统村落的新型城镇化建设开发。这三个问题大家在讨论时有些混淆，其实在我们实践中也常出现这些问题，有的传统村落文化在旅游开发的时候就消失了，有些传统文化我们保留了但是不注重城镇化的开发，老百姓的基本生活水平没有得到真正提升，这种文化的保留就不长久。我个人认为，传统村落文化的保留与复兴，核心在于如何定位好政府和百姓之间的角色分工，政府要找好定位，不能太主观，不能太任性。

陈栋为博士：

刚才听了各位博士谈了很多关于传统村落保传承和保护的问题，感触很深。传统文化最突出的特点就是封闭，对于现在的城镇化发展是有益的，在开放共享的信息时代里，这是我们不可跨越的鸿沟，在传统村落的开发过程中我们怎样打破这样的鸿沟，政府、企业和村民在传承开发时都为了与外界能够更好地沟通，才能最大地发挥作用，推动发展。

刘孝蓉博士：

今天我们主要讨论了三个方面的内容：

第一，传统村落保护和开发的层级问题，就是到底哪一种要保护？哪一种要开发？用什么方式来开发？首先这是要分层的，其次是保护有价值的古典村落文化，最后是可以通过旅游资源的开发挖掘、用心呵护优秀传统文化。我觉得在这个层面上我们要发挥想象力，今天也提出了很多好的意见，为我们下一步保护传统村落文化打下基础。

第二，有些东西是不需要保护的，已经被历史淘汰的，我们可以通过人为的更先进的高科技方式来开发，所以针对文化传承的保护，我们是要分层次的。

第三，我们也谈到一个主体——谁的文化，我们究竟保护它什么？其实我觉得村子就是一个人化自然，所以它的主体应该是当地人，也就是保护当地的文化精英、民族精英和乡村精英，这样村民对自己的文化会有感情也会自信。但是村落文化有一个经济发展程度的问题。当经济发展到一定程度时对文化才有充分的自信，才能更好地发展，除了主体外还需要政府以及各方面力量的支持。就传统村落的建设或重建，在规划建设当中要考虑一些专家学者的意见建议，今天我们讨论传统村寨复兴，对我们是一个很大的进步，对决策者也是一个影响的开始。

第十九章

整体村寨搬迁

（第 26 期，2017 年 2 月 18 日）

新城观点： 基础不牢、地动山摇，社区治理关系到国家的长治久安，务必要以长远的眼光、有效的政策措施、务实的保障切实可持续解决基础社区建设发展的问题。尤其是整体村寨搬迁涉及的痛点多且深刻，主客观痛点都有。包括客观上村落传统文化载体的传承（含独特的建筑样式等）和生存成本，主观上有村寨的原有生存方式、乡愁、民俗等，如何规划、教育、生产生活、保障等不是一蹴而就的事情，所以不能简单化和粗放化。

新城初期阶段需要合理整合搬迁类村庄，集聚第一批次人气，但同时面临最重要的就近城镇化的农民城市化的问题，这一问题很有现实实践意义。

关键词： 传统村寨　整体搬迁　农民市民化　文化传承

摘要： 本期博士微讲堂围绕贵安新区马场镇甘河村在整体搬迁中发生的痛点，各位博士各抒己见。甘河村尽管其安置点房子建得较好，但因为传统村寨长期自给自足，没有太多货币收入，老百姓担心停车费、燃气费、物业费等有关费用增加负担，以后没有耕田可种，对未来的生存存在较多担忧。首先村支两委及村民代表围绕搬迁积极性不高的现象进行陈述，尹博士首先提出了整体村寨搬迁要通过加强政策宣传、电视夜校培训、编制生动视频、编制搬迁手册、拍摄贵安记忆等办法提高村民搬迁积极性。潘博士从社区集体发展的角度强调了发展集体经济，以便平衡再分配，增强对弱势群体的帮扶，达到共同富裕的发展目的，并积极梳理社区传承村寨传统文化，以增强村寨凝聚力。刘博士从大病医疗、社会保障、意外保险等多方面的立体保障手段来增强村民未来安全感，提供技能培训以提高村民未来生活能力。

为此大家提出的对策思考有：一是甘河村由于未来整体搬迁后作为公园绿化用地，在公园里应适当保留不易迁走的村寨历史文化遗存物，作为公园的一个景点；二是村支两委利用既有集体资产加强发展集体股份制企业，增加集体收入，带领村民到相关成功转型社区学习，让村民看到希望，增强信心；三是创新各种宣传教育方式方法，提高村民素质，提升就业能力，尽快融入新城市，尽快成为未来城市的主人；四是强化村支两委组织建设，完善村民自有组织，增强社区内生发展动力，积极培育其他社会组织，引进像博士论坛这种高端人才的平台论坛，经常进行主题式头脑风暴，让村民直接参与。

甘河村基本情况：甘河村隶属于贵安新区马场镇，位于七星湖科技新城。截止到 2016 年年底，面积 4.8 平方公里，由甘河、刘家庄两个自然村寨 8 个村民组组成，总户数 223，1056 人。交通便利，黔中大道、金马大道、百马大道等众多交通要道贯穿村寨，周边项目有电子信息产业园、综合保税区、富士康第四代产业园、中国通信三大运营商数据中心、华为数据中心等。

相关讨论

梁盛平博士：

这期微讲堂今年已经是第 3 期了，微讲堂主旨就是以博士为主，各方人士都参与进来，共同讨论贵安新区的可持续发展，每一期都做一个思考。今天的主题是整体搬迁型村落的痛点思考。最近，市场监管局牵头负责围绕美丽乡村标准化建设情况对多个村寨做了一系列调研报告，发现一个共性问题：老百姓对搬进新的安置小区，存在搬迁积极性不高的现象，对此大家很困惑，现在有请曹主任主持，各位村支两委及代表围绕搬迁问题，畅所欲言。

曹福全主任：

今天我们对村寨的历史、现在的环境、今后的发展发表一些自己的看法。今天我们的主题是：贵安新区整体搬迁型村落的痛点思考，今年贵安新区的大事中其中一件就是甘河村回迁安置。房子修好了，我们村支两委需要做的就是做好老百姓的工作，让他们回迁到安置点去，住进新房子，离开我们赖以生存几辈子甚至几百年的老房屋。我们从生下来，村寨就不断地变迁，村寨在我们心中有深深的烙印，是脑子里不能遗忘的记忆。黄金书记自甘河村挂村七个月以来，就一户一户地谈心，倾听老百姓的想法，多方面了解他们的家庭环境和做法。所以，首先请黄书记发表自己的看法。

黄金村委第一书记：

通过我在甘河村的工作和走访，说一下我了解到的老百姓心声。在新区成立初期，甘河村老百姓对贵安新区的一些政策不是很理解，产生一些额外的想法。另外一个问题是政府征地过后，他们拿到钱不知道怎么用。有些人把征地所得的钱都花光了，所以拿到钱怎么去经营，怎么去发展，村民是不知道的。甘河村的安置点已经建好了，老百姓搬进去，他们觉得主要的问题是费用，例如原本在村寨里停车很自由并且不花一分钱，但在新安置点停车却需要收费，这是他们不愿意的。再比如说他们以前用的水都是井里打出来的，现在他们却需要考虑负担费用的问题，观念一时间转变不过来。大部分村民的想法是如果把原有的村庄规划好了，会住得更舒服一点，方方面面生活的问题、费用问题都成为他们家庭现阶段的主要考虑点，也是他们最切实的想法。

曹成刚：

其实曹家到甘河村这个地方历史也比较悠久，我们的祖先是从江浙地区迁徙过来的，到现在已经有700多年的历史，这里出过文臣，也有武将，村落的历史不断地被传承下来。甘河村以农业为主体，以前这个地方叫凤凰村，也叫干河村，因为每年农历四月到十月期间村前那条河才流淌半年左右的河水，有半年的干涸期，因此得名干河村，2004年改名为甘河村，寓意是苦尽甘来。

曹福全主任：

今天讲的就是为什么我们要传承我们的传统，我们的村落。有村落就会有文化，有文化就会有灵魂，如果我们离开了这几个主题，就谈不上村落寨子，好的坏的都可以讨论，它并不影响我们今天的发展，但是我们不能忘记历史，忘记历史就无法驾驭未来。随着黔中大道的开通，贵安新区发生了很大的变化，新区修建的回迁房，大家都感觉不错，这里依然沉淀着村里的山山水水，但它从农村一下子转变成城市，我们的老一辈依然怀念之前的山山水水，对以前的风貌还是很有感情的，他们不像我们年轻人那样容易接受新事物，他们仍然对土地怀有深厚的感情。我也尝试和一些老人交流：生活是不断变化的，也是越来越美好的。但为什么如今我们的社区中还会出现一些矛盾，这些都需要不断地讨论，一个个去解决。

潘善斌博士：

刚才大家谈到了"村民存在搬迁积极性不高"和"村落传统文化传承"这两个问题，我认为这二者并不矛盾。这里，一个涉及村落的文化变迁，另一个是传统文化的传承。刚才谈到的村落整体搬迁，老百姓存在一些想法，或者老百姓有一些情绪，我认为是正常的，也是可以理解的。为什么这样说呢？我个人认为，可以从几个方面来理解：一是文化方面上的差异。许多老年人与现代年轻人生活理念和生活方式有差异，故土难舍；二是有搬迁后村民们的生活成本增加方面的因素；三是村民搬迁后，许多寄托着村民情感的传统文化载体可能消失，尤其是在甘河村生活了几十年的老人，心理上会有较大的失落感和不适应感。甘河村的老百姓，祖祖辈辈生活在这个山清水秀的地方，他们有自己生活的方式和生产方式，现在要开发，要整体搬迁了，从某种意义上来说对他们也是一种牺牲。对他们而言，政府不仅要考虑村民搬迁的成本、未来生计的可持续保障，更要充分理解和考虑搬迁村民的文化心理需求。对搬迁村民做出的承诺，政府应该及时兑现，政府包括政府官员应具有契约精神，政策的透明度也很重要，这也是现代法治国家的核心。我发现现在缺少一种契约精神，包括政府和村民。如果这个能够解决，老百姓的情绪就能得到缓解，他们就会看到未来。

另一方面，我们应当高度重视搬迁村民的文化需求。村子整体搬迁了，村子的许多传统文化载体没有了，尽管搬迁后老百姓居住条件明显改善、生活环境显著提高，但他们总觉得空落落的。这里涉及一个很重要的问题，就是在传统农业村落向现代城市、传统农民向现代市民快速转变的过程中，如何将传统文化记忆和现代生活模式有效嫁接的问题。2017 年 1 月 25 日，中共中央办公厅和国务院办公厅联合下发了一个很重要的文件，即《关于实施中华优秀传统文化传承发展工程的意见》，提到要"把中华优秀传统文化内涵更好更多地融入生产生活各方面"。我觉得，对搬迁的村民而言，在即将进入小康时代，文化需求的满足是其更为重要的安身立命之基。对于甘河村而言，如何在村落空间急剧变换中把村里的优秀传统文化（包括文化载体）以有效的方式传承下来，是当下和未来应思考和行动的重点。光有钱和现代化的房子是解决不了人的心灵及文化上的需求的。只有把文化、精神上的东西与物质上的东西结合起来，搬迁的老百姓才会心安，才能感觉未来有底、生活有根。显然，在进入城市社区中，以一种什么样的文化载体来展现村上的文化精髓，是需要认真研究的一个课题。

尹良润博士：

今天我主要说三点："感""知""行"。"感"，是我对甘河村的感觉，总结出来，就是"三生"的变迁，第一个"生"是生活方式的变迁，以前甘河村村民住的是平房，现在住在楼房里，开始享受更安逸的生活。第二个"生"就是以前单一的生活方式，现在多元化的生活方式。以前从来没有想过的问题，现在都要面对。消费方式也是，以前可能是物物交换，而现在需要用货币，以前可以赶集，现在也没了，生活方式变化比较大。生产方式也不一样了，以前我们是小生产，效率很低很简单，现在是大生产，高效量大。第三个"生"指的是生态的变化，有两方面，一个是文化的生态变化，以前有很淳朴的原生态，现在有多元文化的冲击，有些人沾染了腐败的文化。另一个就是实实在在的生态文化也变迁了，以前青山绿水，前屋后院，现在已经没有这么大的院子了，变成了高楼大厦。这"三生"的变迁，我感觉也是一种城市化的变迁，一种身份的变迁。在这个变迁的过程中，人会比较焦虑，会有一种恐慌。我们政府包括我们个人，如何帮助大家来应对这个变迁，我想了两点，第一个就是典型的宣传，新闻中心应尽我们所能，推一些好的典型和做法。第二个就是痛点我们也宣传一下，我想了几点，一个叫电视夜校，因为很多人不知道该从事什么职业，要培训也没有什么钱去培训，但是看电视就愿意了，在家里也不用花钱，所以我想搞搞电视夜校。第二个我想的就是搬迁手册，做一个视频版的，看了视频起码心里有个底，就不焦虑了。第三个就是乡村纪录的问题，叫作贵安记忆，就是乡村纪录，把贵安很多东西录下来，我们工作做了一部分，把新区的重要工地都通过航拍记录了，但是很可惜我们没有普及所有乡村，因为新区有 90 个行政村，我们大概只做了几十个村的变迁。以后时代发展了，我们可以把每个村的变迁都记录下来。第四个痛点就是拆迁款到底怎么用，我们进入小区以后，规划管理的下一步没有给我们安全感。政府有政府的政策，但是没有透明化，老百姓不清楚，对搬迁很迷惘。

梁盛平博士：

刚才潘博士针对文化载体做了一些交流，尹博士谈了很多设想，从"感""知""行"出发，理论度很高，三个中关键是行，如电视夜校、搬迁手册、乡村记录等，都是很好的想法。甘河村作为行政村有两个自然组，一个是甘河，一个是刘家庄。贵安新区在甘河村片区发展的是电子信息产业，原来路还没有通的时候已经在谋划这一块，因为要纳入电子信息产业园做产业发展。贵安新区的村庄分两种类型，一种是发展为城市社区，甘河村就是这种，所以甘河村未来不是农村。另外一种就是美丽村庄，也就是不改变村寨的性质，就像平寨一样，叫就地提升型美丽乡村改造。甘河村的未来是城市板块，深入一点，就是城市板块中的工业园区型社区。所以新区农村有两个走向，一个是农村变城市社区，一个就是改造后的美丽乡村。当然怎么变，有一个过程。可以说一夜之间不可能变成城市，所以对于村民来说有担忧。我调研了几个村寨，了解了一些农村的问题，三农问题（农村、农业、农民）是事关国家稳定的问题，如果农村搞不好，这个国家的基础就不牢固，贵安新区也是这样，要搞好农村这个基础。所以我们一方面要有大局思想，另一方面也要有探索思想。贵安新区的探索，我们既要由上而下找，也要由下往上地推。我就先讲两个小点，一是关于文化，文化也是载体问题。甘河村在总规划图里是要规划成一个山体公园，并不是一个建设用地。但是这里面有很多文化，我们需要收集各种传承故事，形成旅游文化。村子的一些雕塑或是村子里其他有价值的东西，都可以搬进安置点，这样安置小区就比较有特色，这是文化载体方面。第二是土地的问题，农村最核心的问题就是土地，土地是最重要的资源。甘河村在城市板块，把田园风光搬进城市是个过程。现在对于甘河村来讲，剩余的土地和集体用地还有宅基地怎么转化成资产，哪些资产是公共的，哪些资产是私有的，怎么盘活，怎么共享，以保证集体的公共财富，平衡弱势群体，可能将作为一个再分配的平衡器，是需要琢磨的，但是来源还是土地。

刘珣博士：

搬迁问题就是保障问题，保障问题非常迫切，需要有一个长期的规划，这方面贵安新区是比较负责任的，给予每个失地农民5平方米的商业铺面作赔偿，作为农民的一个产业，如果卖掉将失去最后的保险，后悔莫及。征地补偿的商业铺面应锁定在自己的名下，避免农民失去最后的保障。从另一个角度，我觉得可以以村集体的形式留下一份实业，以这样的形式创造出承载老百姓利益的一种载体。大家应该转换思维方式。保障问题应该是转型期间村委会重点关注的问题，现阶段社会保障有三个层面：一是政府保障。对于农民要应保尽保，以最高额度，通过村集体资金或集体村民结合的方式进行投保。二是社会救助。利用各方资源，积极联系慈善总会等各方公益组织，对大病医疗救助等方面提供帮助，还有通过新型媒体，以众筹、众扶等新模式帮助村民解决实际问题。三是个人储蓄。我觉得都可以充分地利用。最后，总结一下，就是过渡期间要充分保障农民的利益，现在的资源和未来的资源如何衔接，如何利用。未来的发展要求农民快速提升个人素质、主动进入角色，全面分享社会变革带来的红利。

梁盛平博士：

实际上甘河村面临的已不是农村问题，而是怎样快速融入城市的问题。站在城市的角度，怎样去适应城市的发展，尽快地融入城市，做城市的主人。

胡方博士：

每一种文化都有一个凝结点，它不是凭空而出的，文化要有物质的寄托，要有一个着力点。一个传承这么久的村落，应该有其优秀的文化。城乡化最大的一个痛点就是土地被征收，财产的形式发生变化，另一个是生活方式的变化，在村民内心中影响更大，这些痛点会使原始的农村文化慢慢丢失，人与人的交流也会变得陌生，所以保护好文化资源与保护乡村的共有资产是不能分开的，这是村民生活最起码的生活保障。

第二十章

村寨就地提升

（第 27 期，2017 年 3 月 5 日）

新城观点： 传统村寨通过就地提升进行美丽乡村建设，是城乡融合建设中主要的类型，实际操作中要精准地对村寨中既有比较优势资源和存在的劣势充分挖掘，提出针对性和差异性的措施。普贡村的教育设施和教育水平较高，普贡中学远近闻名，作为村里的中学甚至超越县级水平，这与该村重视教育的传统密切相关，山水农田对于山地形的贵安新区来讲优势较明显，如何激活这些资源资产化需要下一番功夫。

城乡融合来源于众多就地提升改造的美丽乡村和集中安置的社区，整体村寨就地提升改造就是新城的"世居土著文化"，要善待精心呵护。

关键词： 传统村寨　就地提升　资源核算　城乡原著　美丽乡村

摘要： 今年第二、三期（总第 25、26 期）微讲堂博士团直接进入村寨交流后，得到村民的欢迎，博士们也得到很大的收获，这期微讲堂应普贡村民韦腾林等的邀请，来到就地提升型村寨马场镇普贡村进行座谈交流。大家推荐村民代表又在新区社管局就职的韦明波作为本期堂主，村民分别就村寨基本情况、历史文化、当前的需求进行介绍，然后博士及专家进行对策思考。

村支两委老支书、老主任及村民代表踊跃参加，围绕"就地提升型村寨发展如何保留 700 余年耕读文化、山水田林保护和美丽村寨改造等痛点"大家畅所欲言，重点对村民提出的重建韦氏宗祠、普贡中学完善、分散式村居公共配套、推进新区第二批次村寨改建展开讨论，各位专家博士结合自己的专业和工作经历展开广泛讨论：一是要全体村民发动起来，像当年无私贡献田地、稻谷、树木等支持建设普贡中学一样支持村寨改造提升和公共基础设施建设。二是村支两委应加强与政府部门或有意向的开发商对接，对普贡村有价值的文物古迹进行修复或重建，缓解村民乡愁之苦。三是在对村寨改造前期规划阶段一定要先完成自然资产核算并有健全的管理机制，确保自然资产的增值保值和村民的自然收益。村支两委要及时解决改造过程中存在的主要问题，使村寨改造的效果效率得到有效的提升。四是在进行村寨改造时要发展有关基金和以村民为股民的内置金融体系建设，作为村经济发展的资金池。在进行改造的过程中要与新区工程项目相互结合，也要把养殖业、农业等方面的资金相互捆绑，并综合运用，还要节约资金，避免滥用和重复利用。五是充分利用丰富的水资源，大力发展特色旅游。另外就推进第二批次新区美丽乡村建设、盘活良好的耕田山水溶洞等自然资源资产化、继续延续浓厚的耕读传统文化、着手与贵州民大生态研究院合作推进生态调查和分散式污水处理破题、加快完成国家湿地公园建设等提出对策。

普贡村隶属于贵安新区马场镇，位于新区东南部，东连凯掌村、南接马路村、西邻毛昌村、北毗平寨村，面积 7 平方公里，有 11 个自然村寨，总户数 593，2063 人，主要由布依族、苗族组成。距马场镇政府所在地 13 公里，距省城贵阳 50 公里，贵广公路、西纵线贯穿村寨，交通便利。水资源丰富，主要经济产业有种植业、养殖业、建筑业。

普贡学校是一所有 80 余年历史的教学基地，由原韦氏支祠的私塾发展为现在的普贡小学、普贡中学，现有小学教师 9 名，学生 348 人；中学教师 56 名，学生 1100 人。

相关讨论

梁盛平博士：

贵安新区村寨在未来发展中分为三种类型：第一种是就地提升改造型村寨；第二种是整体搬迁型村寨；第三种是未来整合型村寨。我们今天来到的就是第一种就地提升改造型村寨（普贡村），下面就提升改造的过程中普贡村遇到的问题和困难，我们大家相互交流一下，请贵安新区社管局（普贡村村民）代表韦明波作为本期主持。

韦明波：

下面我对普贡村的历史背景及现状，以及现在所存在的一些痛点作简要的介绍：普贡村在明朝时从江西省吉安县杨柳大湾搬迁过来的，全村都是布依族，我们祖先韦普孛当时是朱元璋的一个将领，明初西南地区叛乱奉命南征平叛，来到贵州，在普贡这里安营扎寨，繁衍生根了。当时路途遥远、跋山涉水，没有按时给朝廷敬贡，后来就补敬了贡品，故名补贡村，现代更名为普贡村。普贡村交通便利，地理位置较好，产业以农业为主。村里有较齐全的教育基础配套设施，一所小学、一所中学。普贡中学的教学质量在新区中是较好的，吸引了来自平坝区、马场镇、长顺县和清镇市的生源。痛点主要有以下几个方面，一是民房在改造的过程中避免不了局部异地搬迁安置，那么在安置点的选择上，有待商讨，村民在这里居住了几百年，现在说搬就搬了，会不习惯。二是村寨发展资金与内在动力不足，普贡村虽然不是贫困村，但是这里村民普遍不富裕，很难自我提升和发展。三是普贡村基础配套设施不是很完善，很多生活配套设施还很不健全。四是村民对村寨的发展理念较传统，希望留住现在的村容村貌。

潘善斌博士：

我有一点想法，我们能不能围绕这个村的各种资源条件，从就地提升型发展视角，从它的历史、文化、教育、经济方面来做一些调研，做一些分析，这是很有意义的，也很有价值。所谓痛点，说白了，就是一种困惑。比如刚才村民提到的祠堂重建问题，就涉及宅基地方面的法律问题和国家有关民族、宗教方面的政策，这样的问题是值得咱们去琢磨和研究的。普贡村在贵安新区总体发展规划中定位为就地提升型发展模式，在这个过程当中，在保留传统农业生产同时，村变成居委会，成为农村社区，这里也涉及诸多法律问题，值得研究。普贡村文化是一种移民文化，有较为独特的少数民族文化特色，老先生写的材料我都提前看了，的确有许多值得整理和发掘的历史，咱们可以在这方面做一些调查和研究工作。在贵安新区发展过程中，我们要把历史的东西、"非遗"的东西、村民精神寄托的东西和现代发展尤其是文化传承与创新结合起来。

姚朝兵博士：

我是土生土长的贵州人，我的专业是法学，我有一段在黔东南黄平县苗族贫困村做大学生村官的经历，在这段经历中，我也感受到在基层，农村的发展有一些共性的地方，例如产业结构比较单一，基本上就是传统农业（种苞谷、油菜），水田和旱地各一半，比较落后。刚才我听了村民详细的介绍，普贡村也是传统的农业（种水稻），有一定比例的水田，一定比例的旱地，还有一些药材产业，但是都没有成规模，是零星的。另外讲到农村治理也有一些痛点，实际上这也是农村发展到一定阶段产生的矛盾，如涉及搬迁的问题，这里面有民族的情感，尤其是少数民族地区，都是一个家族，几百年都住在同一个地方，经常来往，情感上有联系，一下子搬迁到异地去，情绪上还是会有一些波动。

潘善斌博士：

实际现在大家都高度关注食品安全问题，在城里面生活大家都很担忧，因为食品安全保障不了。而普贡村离贵安新区、花溪比较近，建议村民可以进行无污染的蔬菜种植，这样不仅可以吃到安全食品，也可以拉动旅游业。

韦腾林：

我讲一个主题，分两个层面来讲，农村痛点和出发点都是要富裕农村经济。第一个层面是变革农村目前的产业结构，第二个层面是要对村支两委这样的基层组织单位普及经济产业知识，要把它打造成为一个"领头羊"。普贡村目前的生产发展还处于原始的农耕模式，对经济产业没有概念，缺乏城市生活经验，没有在城市生活的谋生技能和理财能力，从农村搬到社区，突然间就成了市民，从他们内心深处来讲他们是恐慌的，因为他们不具备在城市谋生的手段。富裕农村经济首先得让村民有市场经济意识，运用这个意识去引领、发展各自的家庭经济，村民富裕了，所谓的城市恐慌症才能得到根除。富裕农村经济很好讲，但执行起来确实需要一批有魄力、有担当的领导牵头引领，而且要抓到痛点抓到实处。从村民到村支两委应该加强经济知识以及现代农业知识的学习，特别是现代农村产业结构方面的知识的普及，这方面急需政府配备一些培训资源，让他们从原始的农耕生活逐步过渡到产业农民，甚至到农民企业家，教会他们经济知识和现代农业技术，即所谓的授人以鱼不如授人以渔。

何峻正：

我们公司经营的旅游模式是户外拓展旅游模式，在贵州有规模或者成体系的旅游景点大家都很熟悉了，但是这些对现在贵州普通群众或者高校学生来说，已经没有新鲜感了（例如花溪公园、青岩古镇），他们想要寻找的是一种原汁原味的东西，让老百姓和游客互动，在其中体验比较原始的生活。像我们推行的露营、拓展这块，我们公司规划的旅游就是依托人的素质，而不是整个基础设施。对于合作的对象，不需要投资很大，只要给我们的是原汁原味的，能够宿营的地方，我们就能依托这片营地开展各种旅游项目。因地制宜，当地的压力也不会大。现在村寨能够提供一个什么样的东西，我们在这个局限性里面，来对参与的人员做素质培养，达到我们的效果。对于旅游来说，这是一个新型理念的东西，不是传统意义上的旅游。

刘珣博士：

在整个新农村发展之中，痛苦是不可避免的，时代在不断地变化，我们必须得适应，即使我们在这个过程中找不到归属感，找不到以前的生活痕迹，但这是我们必须经历的，从这个角度来讲，应该一直向前看，我们搬到一个新的地方，能不能有能力利用以前的资源让自己变成一个比城里人更有资本、更有能力的一个人。中国新农村发展有一种模式，叫资产变资本，把村里的资源整合起来，利用资产发展经济，村民是股东，这是我们新农村发展的一个切入点。我们需要一个开明的有魄力的领导，善于发现村里的商机。

梁盛平博士：

实际上整个城市，整个社会的根都在村寨，我一直在思考村寨和社区的关系，我最早的思考是，村寨和社区是两个相对应的单元，因为社区代表城市，村寨代表农村，我始终是剥离式的思考这个问题，想把这个逻辑关系理清楚。我想农村也可以有社区，倒过来推城市也可以有田园，相当于两个细胞，本身可以组合，还可结合成不同层次的单元体，这个组织结构不断融合发展，产生了大城市的概念，或者城市群的概念，或者增长极的概念。

我谈三点体会：一是少数民族这一块，国家对少数民族的支持政策有很多，政策需要用好，需要挖掘。

二是村寨的转型，村寨转型实际上也是我们今天讲的重点，就地提升型村寨的痛点讲到了乡愁的难忘。像普贡村祠堂，如果现在把它恢复也是假的，假的味道就不一样了，那么怎么恢复乡村记忆，有很多种手段，位置不要去动，碑在那里，依托石碑，在它周围可以用现代化的手段，例如运用 VR 技术，虚拟现实的科技手段，把历史的东西糅合进去，带上 VR 眼镜或裸眼就能让人清楚直观地感受历史文化，祠堂问题怎么解决才好，我们可以做深层次的策划。关于人的转型，涉及长辈思想的转换，我们不必强求，要尊重历史，年轻人要依托普贡中学开展业务提升培训班学习，正规的也行，民间式的也行，大家一定要增加对未来的信心。年轻一代要快速转型，成为发展的主力，但是要尊重长者的意见，有时还要尽量满足，分类看待。经济转型可以在不破坏生态、不影响生活的情况下植入。

三是提两点建议：第一能"等靠要"，要有自身的内在组织，传统的家族力量和现有共享资源要融合进来，例如自然资源的盘活和人文资源的延续等。这个听起来有点宽泛，就是自然资源要做到保值增值，因为村寨最宝贵的是自然资源，并不是工业资源，怎么搞自然资源，这个东西可以思考。第二就是基金问题，发展需要驱动力，驱动力就是钱的问题，钱怎么来？现在很多人在探讨内置金融，内置金融是一种村民共有股份，就是互助经济，它是一个资金池，可以驱动一些项目，形成村里的金融体系。刚才我看到村民的文化底蕴确实很深厚，确实有传承，只要村支两委在境界上提高，有一个更高的大局观，就能更好地服务，更公平地分利。

胡方博士：

普贡村的文化底蕴很深厚，资源也得天独厚，我现在就从经济角度说一下：就地提升，肯定有痛点，就痛点来说，所有的问题实际上都要靠经济的发展解决，只要把经济搞好了，这些问题都不是问题。但是经济怎么搞，我们国家发展到现在，是走市场经济这条路，这条路和传统的农业是两种思路，普贡村不要把自己的优势盲目地和别人攀比，一定要和周边的城市或农村形成一种互补，要合作，这样自身的价值就会更突显。

我提两个建议：第一就是要知道你们村的资源是什么，资源怎么去整合，我理解的资源首先就是你们的自然资源，实际上从新区来看，你们村的水资源还是比较丰富的，首先是在保护源头的前提下，进行旅游开发。还有一个资源就是你们有两千三百亩的土地，土地怎么去用，要搞清楚市场，土地在服务业里怎么去规划，要做到哪一块，而且是一年四季，都要有一个持续的资金流入。另一个资源就是你们村的人才资源能不能把你们现有的自然资源，最大限度地按照现在的市场经济整合起来，人才带来的效用，可能比一般的要好。所以这个整合价值和效用更大一点。第二就是村里现有的资源怎么和国家政策对接。要掌握国家和新区的政策，最大限度地运用，保证大家都得利，这个更加关键。

第二十一章

绿色社区建设（二论）

新城观点：绿色社区关系人类绿色家园，关乎生态文明示范建设的根本基础。绿色社区指标体系编研既要有顶层统筹安排，也要有社区自我实践探索，相互为之、相向而行才能更有效、更可操作、更可持续。通过贵安新区绿色社区建设指标和社区文化发展调查讨论，他们均提出顶层部委间统筹和基层实践探索之间相关指标体系协调不一致的问题，保障乏力，老百姓难有获得感等。

新城之新在于生态，在于绿色，在于文化，本底在于绿色社区、在于绿色基本综合单元建设。

关键词：绿色社区　指标体系　绿色文化　新城本底

第一论　《贵安新区绿色社区建设指标》编研讨论
（第 32 期，2017 年 9 月 2 日）

摘要：基础不牢，地动山摇。习近平总书记强调，社会治理必须落到城乡社区，社区建设和管理服务能力强了，社会治理基础就实了。绿色社区是生态文明和绿色发展落地生根的基本单位，是城市绿色可持续发展的基本载体和必经之路。本次微讲堂主要围绕绿色社区建设指标编制研究展开讨论。截至 2017 年初国家部委还没有相关完整"绿色社区建设指标"出台，贵安新区秉承先行先试的理念，通过对绿色社区建设指标领域的标准化研究，构建绿色考核目标框架，制定相关考核办法，指导新区绿色社区建设，加快推进新区城乡生态文明建设一体化发展，为新区全面建成生态文明先行示范区奠定坚实的基础。

通过研究讨论，建议新区绿色社区建设指标的编制可重点综合国家发改委、环保部、住建部等主要部委相关社区建设与评价标准内容。贵安新区绿色社区建设指标设计，可从绿色社区规划设计、绿色社区建设、绿色社区治理和绿色社区创新等四个方面进行思考和编研，各项指标值严格参考国家标准，部分指标值高于国家标准。结合贵安新区社区建设的实际，提出社区入管率（入综合管廊率）等具有贵安特色的指标。在指标属性上，涉及资源利用开发、生态环境保护和绿色基础设施等建设方面的指标，均为约束性指标；对于绿色消费、绿色文化和绿色创新等方面的指标，可为引导性指标。由于 2016 年已高分通过国家农村综合改革美丽乡村建设标准化试点考核评估，《贵安新区绿色社区建设指标》只规范贵安新区直管区城市社区，并且考核目标和考核办法一并提出，让新区社区真正绿起来。

相关讨论

梁盛平博士：

感谢各位博士及专家，在百忙之中来参加本期关于绿色社区建设指标编制研究的讨论，对编制研究提出宝贵的意见和建议。首先我做一个简要的介绍：绿色社区建设是我们计划推进的一个重要改革任务，新区领导特别重视，希望能尽快提出建设指标方案。自 2001 年以来，国家有关部委和省市地方都相继出台了有关绿色社区、低碳社区、生态文明建设的有关政策和发展体系，2015 年国家发改委发布《低碳社区试点建设指南》，2016 年国家发改委和国家统计局等四部门联合印发了《绿色发展指标体系》和《生态文明建设考核目标体系》，但国家部委对相关"绿色社区建设指标"还未发布，因此绿色社区建设指标编制有先行先试意义。

潘善斌老师的团队连续一周加班加点为大家提出新区绿色社区建设指标编研报告草稿，请潘老师先做一下介绍，同时请大家热烈讨论。

潘善斌博士：

《绿色社区建设指标》国内还没有人做过，新区秉承先行先试的理念，对其进行编制研究讨论。基于前期的研究，现就《贵安新区绿色社区建设指标》编制做以下几点讨论。

一是贵安新区绿色社区建设，目前主要定位在直管区的城市社区。贵安新区是美丽乡村的示范点，乡村和农村区域的建设可按照"美丽乡村"建设体系，但这个体系并不完全适用于绿色社区的建设，社区应有一个范围的界定，第一阶段定位于直管区绿色社区建设，非直管区情况会更复杂，暂且不考虑。城区的建设主要分为规划区、建设区、建成区，贵安新区还没有多少建成区，花溪大学城、碧桂园、中铁等都还在建设中，因此贵安新区主要还处在一个规划建设发展阶段，不同的发展阶段绿色指标的侧重点和指标量化都是有差异的，社区功能不一，制定的绿色指标也不一，应有一定的针对性。

二是《贵安新区绿色社区建设指标》是核心，可考虑同时制定配套考核指标及考核办法，实现"三位一体"。有指标就有考核，考核不是针对所有的指标，绿色社区的建设指标考核主要针对约束性指标，特别是环境资源、生态保护、基础设施等方面。当然，建设指标体系是主体，否则后续的工作将无法开展。

三是研究讨论编制《贵安新区绿色社区建设指标》模板。目前，国家有关部委和省市地方出台的与绿色社区建设相关的政策和标准体系较多，综合分析，大体分为四类：以环保部为主导的有关绿色社区建设的指标体系；以环保部《全国"绿色社区"创建指南》为指导开展的全国绿色社区创建、考核的指标体系。如《贵州省绿色社区考核指标》（2008）、《贵阳市生态文明绿色社区创建标准（试行）》（2013）、《江苏省绿色社区生态文明建设标准及实施方法试行稿》等。2013 年，环保部出台《国家生态文明建设试点示范区指标》，2014 年，出台了《国家生态文明建设示范村镇指标（试行）》《国家生态文明建设示范县、市指标（试行）》，以及以住建部为主导的有关绿色社区建设的指标体系。2013 年，住建部公布《"十二五"绿色建筑和绿色生态城区发展规划》，提出"十二五"期间全国各城区在自愿申请的基础上，确定 100 个左右不小于 1.5 平方公里的城市新区按照绿色生态城区的标准因地制宜进行规划建设。2014 年，住建部印发《智慧社区建设指南（试行）》，2017 年，住建部和国家质量监督检验检疫总局印发了《绿色生态城区评价标准》（草稿）；以国家发改委为主导的有关绿色社区建设的指标体系出台。2015 年国家发改委发布《低碳社区试点建设指南》。2016 年国家发改委、国家统计局等四部门联合印发了《绿色发展指标体系》和《生态文明建设考核目标体系》。同年，中共中央办公厅、国务院办公厅印发了《生态文明建设目标评价考核办法》；2015 年国家质量监督检验检疫总局、中国国家标准化管理委员会发布《美丽乡村建设指南》国家标准。该标准从村庄规划、村庄建设、生态环境、经济发展、公共服务等 8 个方面对乡村的建设提供指引。综上，目前没有国家部委明确出台的"绿色社区建设指标体系"，地方出台的有关标准大多集中在绿色城区、生态城区和绿色城市以及美丽乡村层面上。这些"国标"和"地标"对于制定《贵安新区绿色社区建设指标》有一定的指导意义和参考价值，但同时也有一定的局限性。

梁盛平博士：

绿色社区的建设首先要区别"绿色城市""绿色农村""绿色社区"，社区的指标体系与城市和农村是完全不同的概念，"美丽乡村"建设指标体系，来源于农村建设实践，有很好的参考价值，但主要是基于乡村建设的乡村指标，不能作为社区建设指标，而城市指标又过于宽泛，因此，关于超过社区或达不到社区范围的指标不建议使用。同时，指标范围的定位应准确，我们要做的是建设指标，不是评价指标，也不是考核指标，既要严格参考国家标准，又要在一定程度和范围内高于国家标准，以定量指标为主，定性指标为辅，秉承先行先试的理念，提倡一定原则范围内提高标准和创新标准。我们应该从贵安新区本身入手，充分体现贵安特色，在《山水田园城市实践》研究的基础上，利用已有的社区数据，实现"美丽乡村社区"统筹推进，为生态文明示范区打造真正的绿色社区。

李乔杨博士：

绿色社区不仅是生态的问题，还有人的问题，是生态与人的共建体，适用于人类生态学的研究，绿色社区不同于绿色建筑，其具有资源能源节约、人居环境舒适、社会人文气氛良好、绿色文明意识高的特征，目标是实现人与自然和谐、人与人和谐。社区的绿色发展有助于保护资源环境、改善人居环境质量、提升绿色文明意识和推进可持续发展。绿色社区的含义就硬件而言包括绿色建筑、社区绿化、垃圾分类与零填埋、污水处理、节水节能和新能源等设施；绿色社区的软件建设包括由政府各有关部门、民间环保组织、居委会和物业公司组成的联席会等。"绿色社区"的主要标志是：有健全的环境监督管理体系，有完备有效的污染防治措施，有健康优良的生态环境，有良好的环境文化氛围，居民整体环境意识较高。目的是让环保走进每个人的生活，加强居民的环境意识和文明素质，推动大众对环保的参与。在建设绿色社区的过程中，通过各种活动，增强社区的凝聚力，创造出一种与环境友好、邻里亲密和睦相处的社区氛围。因此，在定性指标的制定上，应以人为中心，以人为本，拉近人与生态的实际距离，切实考虑人处于绿色社区中所能获得的舒适度和幸福感，建立起较完善的环境管理体系和公众参与机制的绿色社区指标。

总之，随着人类社会经济的发展，人口、资源、环境问题日益尖锐，如何理解以及处理人与自然环境之间的关系问题，已经成为人类保护地球资源与社会可持续发展的最大挑战。现在，生态问题不仅仅是科学家、决策者的事情，也是老百姓的事情，只有三者协调一致，上下同心，生态才能良性循环。因此，绿色社区建设功在当代，利在千秋。

梁昌征：

作为海绵城市建设试点，贵安新区的若干尝试可圈可点。对于《贵安新区绿色社区建设指标》的编制，不妨多借鉴新区"海绵城市"的建设理念，具体问题具体分析，特殊空间特殊处理，将绿色社区与海绵系统、综合管廊、中水系统相结合，指标应解决社区水源、能源等有人有出的问题，即能否有一个量化的指标对其加以限定。同时，努力将绿色社区规划，融入每一个发展细节。将绿色社区建设落地、落实，既考虑外在形象，更关注生态内涵，努力通过城市社区生态性的规划建设，创造人与自然的和谐发展，美美与共。

罗文福：

作为负责《绿色贵安》杂志编辑的记者，很高兴能参加此次会议。我们也是一路跟随贵安新区成长而成长，见证了贵安新区焕然一新、翻天覆地的变化。此次会议是关于《贵安新区绿色社区建设指标》的编制讨论研究，绿色社区不是一个新概念，但是绿色社区建设的指标体系却是国内绝无仅有的，这将是新区的又一创举。同时，我们很期待指标体系的编制研究能够尽快完成，为西南地区的区域建设，乃至全国范围内的区域建设提供可靠充实的绿色社区建设指标理论依据。相信不久以后，《绿色贵安》之绿色社区建设系列报告的推出，会引起社会各界人士的关注。

张劲：

首先感谢各位专家老师给予这次参加《贵安新区绿色社区建设指标》编制研究讨论会议的机会，很荣幸能够参与其中，来到这里，主要是向各位专家老师学习，学习看待事物、分析事物和研究事物的方法。这次会议让我受益匪浅，会议对绿色社区建设指标展开研究，分析了绿色社区建设指标的必要性，探讨了关于绿色社区建设的有效策略。绿色社区建设是一项艰巨而伟大的任务，《贵安新区绿色社区建设指标》的编制研究为努力打造功能完善、环境优美、幸福宜居、特色鲜明的城市绿色社区样本提供建设指标理论依据。

潘善斌博士：

利用会议休息时间及讨论的间隙，我们一起认真研读了《山水田园城市实践》，这本书全面具体地论述山水田园城市的规划建设体系，从空间布局、产业发展、绿色建设到社会服务应有尽有，其各方面的标准体系也较为系统和全面，包括贵安规划布局的技术标准、配套设施规划标准、产业的发展指南、公共服务标准、社会服务标准等方面。我们主要将目光放在第五章的"村社微建设标准"，包括生态建设标准、文化建设标准、场所及类型建设标准，其中重点关注"生态文明示范社区建设指标"，从名称上理解，这就是"绿色社区建设指标"，但是具体到指标内容，可以发现其 90% 的指标是乡村指标，尽管在名称上有所争议，但实质还是乡村指标，不适用于绿色社区建设，这也更加肯定了《贵安新区绿色社区建设指标》编制的意义和重要性。

经过分析和研究，我们认为，宏观层面上，国家发改委等四部委印发的《绿色发展指标体系》（2016 年）应作为本指标体系编制的蓝本。该指标体系是由国家发改委、国家统计局、环保部、中央组织部等部门共同制定，是中共中央、国务院出台《关于加快推进生态文明建设的意见》（2015年）、《生态文明体制改革总体方案》（2015 年），以及中共中央办公厅、国务院办公厅印发《生态文明建设目标评价考核办法》（2016 年）后，国家出台的唯一一个综合性、全面性、约束性、时效性等极强的，对全国各级政府进行约束性考核的最高层次指标体系。它包括资源利用、环境治理、环境质量、生态保护、增长质量、绿色生活、公众满意程度等 7 个方面，共 56 项评价指标，采用综合指数法测算生成绿色发展指数，衡量地方每年生态文明建设的动态进展，同时五年规划期内年度评价的综合结果也将纳入生态文明建设目标考核。微观层面上，国家发改委的《低碳社区试点建设指南》（以下简称《指南》）可作为本指标体系编制的基本参考。该《指南》的规范范围是社区，并将社区分为城市社区（新建社区和建成社区）和农村社区，与《贵安新区绿色社区建设指标》规范的对象（城市社区，主要是新建社区）能够吻合。同时，该《指南》中低碳社区建设的内涵是绿色社区建设的主体和核心内容。

本指标的编制，可重点综合国家发改委、环保部、住建部等主要部委有关"生态""低碳"和"绿色"社区建设与评价标准内容（发改委低碳社区评估标准、环保部生态文明建设示范村镇县市指标、住建部绿色城区标准体系），按照"绿色社区"层级，重点围绕绿色社区"硬件""软件"和"人"的方面，充分体现"绿色三生"和以人为本的理念。一级指标可考虑四个模块，即绿色社区规划（资源利用、环境保护和绿色产业等）、绿色社区建设（绿建、绿交及基设、绿能、绿金）、绿色社区治理（绿色社区大数据、智慧管理平台等）和绿色社区创新（社区模式、社区文化、绿色消费等），各项指标值应适当高于部颁标准。涉及资源利用开发、生态环境保护和绿色基础设施、绿色建筑、绿色交通、绿色能源等建设方面的指标，均为约束性指标；对于绿色消费、绿色文化、公众评价、绿色创新等方面的指标，可为引导性指标。现阶段，《贵安新区绿色社区建设指标》只规范贵安新区直管区城市社区（乡村社区建设按照已编制的"贵安新区美丽乡村建设标准"进行），待该指标运行一段时期后，可考虑综合编制城乡社区统一的"绿色社区建设指标"。

梁盛平博士：

今天潘老师把正在进行的《贵安新区绿色社区建设指标》编研报告拿出来进行研究讨论，让大家提意见，也是相互学习。通过讨论，我们初步确定了《贵安新区绿色社区建设指标》的建设范围、建设指标模板以及各级建设指标的具体内容，适当提高了相关标准的目标参考值，提出了"新建商品房绿色建筑三星级达标率"，首创了社区入管率（入综合管廊率）等二级指标，最后我再强调几点：

一是坚持系统性与层次性相结合。新区绿色社区建设是一个复杂而庞大、长期而又艰巨的系统工程。因此，构建新区绿色社区建设指标，既要充分体现国内外绿色社区建设与发展的一般规律和模式，又要充分把握新区绿色社区建设的重点、难点和关键点；既要定位新区城市社区建设目标要求，又要统筹新区新型城镇化发展中乡村社区（美丽乡村）的建设内涵。所设计的每个指标，既要独立地反映绿色社区某一方面或不同层面的水平，各个指标之间相互独立又要相互耦合，共同组成一个有机整体。指标体系应根据系统结构分出层析，做到从宏观到微观，从抽象到具体，在不同尺度、不同级别上都能反映和辨别新区绿色社区的属性。

二是坚持科学性与可操作性相结合。新区绿色社区建设具体指标的选取，应做好"绿色社区""建设"等关键词边界的识别和界定。如"绿色社区"与"生态城市""生态城区""生态绿色社区""低碳社区""智慧社区""生态文明社区""生态文明村""绿色小城镇"等的区别是什么？"绿色社区"的"绿色"如何定位？"绿色社区"的"绿色"是广义上的，还是狭义上的？是"浅绿"还是"深绿"？新区"绿色社区"建设指标设计是城市社区和乡村社区一体化规范，还是进行分类设计，只规范新区直管区城市社区建设要求？这些需要进行科学研究并清晰界定。因此，各项指标含义要明确，指标值要合理，测算方法要标准，统计方法要规范，指标具有代表性，能够反映新区绿色社区建设的本质要求和基本特征。可操作性要高，通过简单的统计方法或查阅资料就能收集到确定指标值所需的数据，便于实践。

三是坚持可持续性与动态性相结合。新区绿色社区指标的设计，须着眼于对新区生态环境的保护，以利于社区的可持续发展。要紧密契合国家生态文明试验区建设试点、国家海绵城市建设试点、国家级农村综合改革美丽乡村建设标准化试点、国家新型城镇化试点、国家绿色数据中心试点、绿色金融改革创新试验区的战略定位，紧紧抓住绿色社区建设的核心和关键点，抓住制约绿色社区建设的根本性和长期性问题，而不是一般性的、暂时性的表层问题，编制好建设指标。与此同时，在确立绿色社区核心指标的基础上，随着经济社会的发展，绿色社区建设指标应保持开放性和动态性。

四是坚持可达性与前瞻性相结合。新区绿色社区建设指标应能够在现有的技术经济水平下，快速实现，并取得一定的生态效益。指标评价体系具有一定的预见性，能够为社区未来的发展方向起到一定的引导作用。按照"生态文明示范区"和"生态文明试验区建设试点"的标准和要求，在推进新区绿色金融改革创新试验区和国家生态文明大数据中心建设框架下，高标准打造一批具有贵安特色的绿色社区。

第二论　贵安绿色社区文化发展
（第 19 期，2016 年 9 月 28 日）

摘要： 这次邀请到文化部许立勇博士来新区，于是约几位博士小聚一堂，从城镇系统规划和多规合一聊起，谈到文化，感慨贵安新区白手起家，虽有良好的自然条件、丰富的村落以及民族文化，但什么是新区的主题文化，却没有一个定论或明确的说法。

贵安新区作为后城镇化阶段的西部现代新兴城市，它的个性是什么，它凭什么让大家记住它。希成博士、善斌博士分别从法治、公共文化的角度聊起花溪大学城以及当下大学生的绿色价值取向。作为培养传播绿色文化的聚集地，可持续发展从绿色大学城抓起。魏霞博士、朱军博士、刘慧博士结合自己的工作体验，提出绿色社区作为绿色发展的重要抓手和突破口。大家一致认为新区的大学城、美丽乡村和社区是公共文化的最根本的社会载体。

围绕绿色社区，构建贵安公共文化主题，未来的贵安可以是绿色的。绿色就是贵安的特色、使命、标签。

新区要建设成为绿色城市的样板，发展好"第五代城市"。绿色文化是贵安内在的特征，绿色健康是贵安的灵魂，绿色特色是贵安的魅力。绿色城市来自每一个绿色社区，绿色社区来自你我他的点滴贡献。绿色社区，我有责任。

相关讨论

许立勇博士：

我去年参加了一个会议，会上提到，北京市认为中关村管委会应该归市里管，国务院又下达了一个文件，认为中关村是国务院的一个新区，要归国务院管，后来我们想中关村属于国家创建示范区，从规划的角度来讲没有问题。当时，我觉得现在可能全国各个市的区域都面临这样一个问题，即它没有一个很好的顶层设计，都是说到哪建到哪。

根据我们的分析，我觉得现在体制改革是最难啃的骨头。我们经济上是一枝全球独秀，我们的产业是融合发展的，但我们在管理上还是计划时代的一个分头管理模式，跟不上产业发展步伐。那么城市化问题的解决，现在只能靠典型突破，全覆盖是不可能的。大家都很清楚，从点上说，因为现在总是讲要搞特色小镇，一下特色小镇这么火，主要是里面整合一下，外面却无法顾及。那我们就在想，特色小镇下一步的问题，发改委再做一千个，一千个之后呢？很多问题，特色小镇也很难解决，而且像海淀、浦东、中关村等地都很难有留白的地方了。所以我们在想，像这样的国家级新区，像这种"产城融合"的模式，是否可以放进去一些规划理念。因此，最近这一段时间我们也在思索这个问题。现在这种单纯的规划，都是计划经济下的，那么怎样才能符合当下的发展，才能符合"产城融合"发展的理念，这是比较重要的，现在我想从"多规合一"角度跟大家碰撞一下规划创新。

我们做研究的也不是说自己有多新的观点，也可以把自己感到困惑的说出来，我现在就有一个困惑。现在我们总是讲规划，怎么做好全盘规划。那过去这么多年来，文化有人规划吗，广东省委书记去看传统闽南建筑，建设得那么好，我们到乡村看，许多传统建筑也都很好，你说过去有人规划这些建筑吗，还是说这些匠人慢慢地你怎么建，我怎么建，无形中形成一个匹配的东西，所以就成了这么好的建筑；还是说，要有一个总的顶层设计。一个规划是怎么弄的，究竟是怎么发生的，我也感到困惑，跟大家提出，并不是说我们要顶层设计，过去并没有顶层设计，千百年来的成就很好，都很协调，跟自然很搭配，它是设计出来的还是匠人之间建设出来的呢？

规划肯定是要的，我觉得从道理上讲很简单。我们传统的这种乡村记忆，已经被破坏了，我们以前的那种乡村治理，几千年不变的理念都没有了，现在只能靠规划。从目前规划的角度来看，大家以局外人的身份来说目前有什么问题。从我们局外人来看，一个是贵安新区，一个是其他新区，中关村怎么样，我是觉得它现在的规划，以前是没有的。现在贵安这边是后发的，它哪儿是可以规避掉的。各位博士，大家多说一说。

梁盛平博士：

立勇博士讲到中关村，从"多规合一"规划说起，我这里说一下城市文化，我们讨论的文化能不能往这边靠，如绿色文化、绿色服务文化、绿色公共文化。我们在思考，作为一个普通者，怎么去理解；作为一个研究者，怎么去理解；作为一个生活者，这跟你有什么关系。我 2012 年来贵阳市南明区政府挂职的时候，觉得当地很干净，后来才知道时任市委书记是怎么搞的：不管谁丢垃圾，或者从车上丢垃圾出来，他都要求媒体曝光，后来形成制度并逐步形成共识。贵安新区作为未来城市，它的绿色文化走向和特征怎么样。贵安新区现在还没完全形成自己的文化，从某个角度来讲，它没有积淀，就像深圳一样，它当年是没有文化的，贵安新区也面临同样的问题。我们现在有很多文化，但它没有集聚成贵安的文化，原来可能有一些原始人类文化遗址，可能有一些村寨子比较老，但是我觉得它支离破碎，没有形成共识，没有变成贵安新区的东西。所以，从这个意义上讲，贵安新区目前"没有文化"，没有那种内在的吸引力的东西。我认为现在就缺失一个根本性的文化共识：怎样叫贵安人？这需要一些硬空间和软设施的引导。在绿色文化里追寻属于自己的文化属性，是否可以成为贵安新区文化发展的方向？我觉得，这可以成为文化规划的顶层思考，突破则需从社区开始。

潘善斌博士：

前不久省人大环资委召开相关会议，提到两件事：第一个是2015年全国人大环资委和贵州省人大常委会举办了一个生态文明贵阳国际论坛分论坛，我在里边做了一些具体工作，就是"绿色发展与法治保障"论坛，到现在有一年了。明年这个分论坛还要搞，现在做相关筹备工作；第二个就是学习省委十一届七次全会的精神，探讨如何将贵州打造成为"生态文明建设法治示范区"。省人大准备成立一个专门工作组，对不适应生态文明建设和绿色发展的地方法规进行清理并完善。实际上，法规清理工作就涉及很多新的立法理念和文化意识。我觉得，立法容易，但解决阻碍生态文明建设和绿色发展根子问题却很难。比如，在大学城里，大学生连起码的垃圾分类都做不到。花溪大学城十几万学生，好几万老师，应该是贵阳市乃至整个贵州省文化意识的制高点，这帮人都做不到，你还能指望一般老百姓吗，大学城里的人，都是社会的栋梁，所以下一步我们还要对此做进一步的研究。

另外还有一个孩子的生态文明素质怎么培育的问题。我这里有一些资料，美国、日本的孩子，除了从小就进行安全教育之外，在环境保护意识方面，我们差得很远。我想，生态文明问题也应该从娃娃抓起，大学生要做表率。当然，绿色不仅仅是一个垃圾问题，比如说你现在到大学城校园走一走，灯火通明，进去看，空无一人。厕所的水经常不关，这就是一个不节约不循环的问题，是一种浪费。所以我就想，绿色文化教育相当重要。它需要一个载体，一个平台，一个机制，甚至要有一部法律来保障。就国内来讲，宁夏、天津都出台了生态文明环境保护教育方面的地方性法规，但是那个比较窄。从我的专业角度讲，可以立一个《生态文明教育条例》，我觉得贵州是可以先行的。前些年，我在起草《贵州省生态文明建设促进条例》时，就和省人大法工委和环资委提过，当时，他们觉得条件还不成熟。这次，省人大袁周副主任找我们去开会，我又提到这个事，这次人大基本上认可我的建议。刚才梁博士讲到规划的问题，我们上次交流过，我也看了前期研究成果。比如，立一个《贵安新区管理条例》或《贵安新区发展条例》就很有必要，我们高校的立法专家也可以贡献点智慧。当然，这个条例首先要解决贵安新区发展的规划问题，也会涉及新区绿色发展问题，微观上也可以规范生态文明教育问题。国内几个新区已经做了这个条例，我觉得贵安新区也应该将此事提上议事日程。

王小峰总经理：

我觉得中国人的文化就是慢慢地丢弃，比如中药，现在西方国家把我们的国宝拿去当"国宝"，我们却把我们的国宝都丢到垃圾里去了。还有珠算、书法，这些世界性的文化遗产，现在很多人都不重视，将来会慢慢都流失了。举一个真实的例子，幼儿园老师问一个小朋友，你长大了要做什么。小朋友说，我长大了挣大钱，坐大飞机，到处旅游。然后老师再问旁边的一个小女孩，你长大了要做什么。小女孩说我长大了，也挣大钱，坐飞机，到处旅游。由此可见，社会的价值取向已经触及我们的孩子了。所以这一方面，不管理绿色也好，生态也好，规划也好，一切要从娃娃抓起，归根结底还是一个素质问题。

梁盛平博士：

我觉得王小峰说得对，从小孩开始要有环境意识、集体意识，这个问题我们"国家级新区绿色指标研究"课题组曾讨论过一段时间。刚才，潘博士提到的绿色大学城问题，因为那是贵阳乃至贵州高层次人才聚集的地方，所以我们当时提出了一个碳票。重庆市搞了一个"地票"，我们则提出了一个"碳票"。"碳票"是什么概念呢？就是说我设计一个边际，你只要有低碳消费的行为，我就给你碳票，尽管碳票不能在整个贵阳市通用，但在大学城是可以用来兑换相关物品或其他消费的，如学生可以凭碳票免费乘坐公交，也可以兑换洗衣粉，这对于学生来说很实用。用碳票的形式鼓励绿色出行，形成一种文化的倡导，只要有人在的地方，包括社区、写字楼等人多的地方，都完全可以自行为的量化的碳票，然后坐公交车不用钱，进而可以激发更多人进行垃圾分类，一次兑换一张碳票，像积分一样。如果成功就推广，不成功就只在大学城做。若有违反就扣碳票，这种绿色文化形式很有意思、很有效果。

潘善斌博士：

同时，在学校如发现一个学生不节约、不低碳，我们就通过一定的手段进行处罚。作为一个中学生、一个大学生，在评奖学金等各种荣誉时，节约、低碳可以作为一个很重要的评价指标。我曾和我带的研究生提过这个问题，现在这些研究生中也有人将该题目做硕士论文选题来思考。

黄武院长：

绿色这个问题在执行贯彻方面是可持续发展的。如绿色法学、绿色建筑、绿色文化，绿色本质是协调发展，是纵向、横向可持续发展的考虑重点。

梁盛平博士：

我认为"文化＋绿色"必须跟微观结合起来，社区规划是很现实的，大到永无边际，小到每个人的感受。这一块怎么结合，是不是一个绿色文化，以及怎么样倡导，值得我们进一步思考。如黔东南苗族侗族自治州从江县有个占里村，700多年来每家每户只生一男一女，之所以出现这个神奇现象，关键是因为这里村规民约很好。村里人一结婚就到村里的鼓楼那里，夫妻两个人在那里发誓，只生一男一女。由此，我们认为，社区文化和每个人的利益都有关。要每个人都自觉遵守，这有点夸张，但我觉得有一个最关键的地方就是，涉及个人与群体利害关系，如果生多了，资源不够，大家有这样的一个共识，这是资源平衡的问题，所以文化是一种共识的积淀，习惯了就变成了文化。作为绿色文化，怎么培养，有什么好招，大家可以琢磨一下。

魏霞博士：

刚才梁博士讲到绿色文化这一块，我以前在开磷集团工作过，企业有企业文化，我对文化还是深有感触的。刚才谈到，贵安新区是国家级新区，成立的时间不是很长，现在还没有形成一个真正的文化体系，我们现在提倡绿色发展、绿色文化，实际上，我们在发现、挖掘、提炼、总结，应该总结出一套贵安新区发展新区的文化，通过绿色发展，将绿色文化融入进去。我觉得应该有这么一个理念，我们可以结合贵安的实际情况，用一句话或一个词，高度概括浓缩，形成一个通俗易懂的、大家认可的东西，然后把它规范下来。大家都自觉按照这么一个文化理念和行为规范去做事，去发展。

潘善斌博士：

打造贵安的绿色文化，我们要看到现在的主题，我们去年研究时提到大学城，因为大学城有十五万人左右，具有一定的影响力，贵安新区现在要着重培育绿色文化，因为这里本身还涉及从农民到市民的转换过程，我们怎么来构思这个绿色文化体系，刚才魏老师提出应该有一个口号，这个很好，是应做一个方向性的东西。

我 2007 年来贵阳以后就住在花溪，那时道路比较陈旧，楼房老一点，但是交通很好，且垃圾没有这么多。我就提一个建议，能不能把这些"背篓"和骑摩托车搞运输的全部转化为林业工人，上山种树，政府拿钱来给他们发工资，这里涉及"碳交易"的机制构建问题。贵阳有全国第 8 家环境资源交易所，是在以前的阳光产权交易平台上做起来的。

梁盛平博士：

现在贵州省是全国八个生态补偿试行单位之一，试行省份之一，允许生态补偿。

潘善斌博士：

我刚才说的这是第一条建议，因为当时的领导不懂"碳交易"这个词，没有被采纳。第二条建议，是在花溪区全部实行绿色能源大公交车，全免费，所有的非清洁能源的车不准进到花溪来（当然公务需要的除外）。这样以来，刚提到的那些人全部上山植树，就业问题解决了；实行免费绿色交通，交通问题也解决了，旅游也带动起来。所以，我提议，贵安新区能不能在区内实行全免费的绿色能源公共交通。

梁盛平博士：

这一期我们主要讲绿色社区、绿色文化，怎么样打造和应对的措施，我觉得大家都思考一下。每个社区都有绿色，大绿色下面各有小绿色，贵安新区未来的形象是讲卫生、发展绿色这一块，人人都是绿色发展的践行者，大家有这种意识，未来的贵安新区是健康的、讲卫生的、长寿的，我们大家都要思考，不管怎么样，要有一个大纲，纲下面要有线，线怎么整，就具体地实施行动计划，等等，分年度推进，然后请社管局提出课题，由生态文明研究院做平台来推广，这件事情，我觉得还是有点意思。

潘善斌博士：

我举个例子，进到贵安新区的房开商，贵安新区对他有比较高的要求。就碧桂园贵安 1 号而言，新区就可以给他附加条件，你不能只是一个单体的一星二星三星，或者仅仅是绿色建筑这一块，你应该达到绿色社区设计和运营的标准，这个要靠什么样的一个机制来解决。再比如，我们湖潮乡的老百姓，现在种无公害菜、养猪供应大学城，起码在经济上与我们现在谈的绿色发展有一个关联，这就是绿色产业，通过绿色产业发展，该地区的绿色文化也就慢慢地培育起来了，人们的整体文化素质也慢慢地随着提升起来。

魏霞博士：

我觉得绿色文化更多的是一种绿色文化公共领域，在公与私之间的冲突上，在设计绿色文化时要更多的将公与私的利益连接在一起来设计，可能就会落地生根。在具体实施过程中，可以将大学城的十几万大学生发动起来做志愿者，有效倡导绿色公共文化。我觉得这是一个途径，通过公共文化这样一个社会组织推动绿色文化发展会更快、更好一点。

龙希成博士：

我对我所在的小区，有一个非常强烈的诉求就是：我们都是上班族，每天都要经过小区一段散步的路径，这段路空气又好，但是也有不足，就是人车分流没有做好，如果把这个事情搞好的话，我们将非常感激。现在我们社区人行道、车行道都并列在一起，存在乱停车现象，很多人停车时，都占用了人行道。社区人群的行为怎么改变，有很多细微的机制在里面，重点是人的行为机制。还有养狗的问题，主人应该把狗的粪便清理干净，有的人做得好，有的人做得不好，做得不好的怎么矫正过来，这是我们的一个很细微的科研题目，涉及人车分流、停车、养狗这三条。

魏霞博士：

文化具有多样性，企业文化、校园文化、贵安新区文化、社区文化。所有的文化理念都必须贯穿绿色文化的理念，动员贵安新区十多万大学生参与具体的公共文化孵化的建设落实。贵安新区可利用大学城的优势，组织志愿者对优秀文化的倡导，通过公共组织的建设，建立公共文化的孵化组织，推动绿色文化传播的速度。大学生进入社区互动，带动社区，进而带动整个贵安新区。

许立勇博士：

针对大家讨论绿色社区的文化建设问题提几点建议：

第一层是重点放在绿色公共化服务建设——政府首抓文化建设，政府怎么落实是关键。一是文化建设中"十三五"文物保护利用规划，二公共绿色文化服务破题是关键，三是绿色文化产业，四是绿色文化市场，五是绿色文化政策与管理，六是精神文明。现在贵安新区的绿色文化建设怎么落实，贵安新区研究价值属于成长型，国家的只是一个基本的标准，贵安可以有自己的标准。顶层来看，涉及新区公共文化服务标准制定问题，新型城市化中公共文化服务的基本保障和标准问题。

第二层是国家级新区如何定位：摆好公共服务的位置和社会管理问题。公共服务问题较为复杂，公共服务的目的就是把贵安新区的 14.7 万的农民和几万的产业工人以及大学生三块放在一个体系中。公共服务，评估标准要与教育、社会、产业相结合，产业也要提供公共服务。文化产业是其他产业和相关系列的一个平台。对产业要有公共服务，也得强调公共服务性质。

第三层，公共服务怎么从自身角度、社区进行设计？以绿色社区打造为核心，以点带面进行推广。怎么服务？将其变为普适性，全国性的，公共服务要有自己的标准。

相关建议

一是应力争在"绿色金融发展""绿色社区文化培育""绿色发展法治保障""绿色大学城构建""绿色发展研究"等领域承担"贵州生态文明试验区"的重点任务。

二是建议围绕《中共贵州省委贵州省人民政府关于推动绿色发展建设生态文明的意见》，贵安新区生态文明国际研究院抓紧研究并提出"贵安新区生态文明试验区"重点研究课题计划，报新区管委会立项，并力争取得省委宣传部和省社科规划办的支持，纳入其专项计划中。

三是建议贵安新区生态文明国际研究院抓紧提出"贵安新区绿色社区文化重构试验"研究计划和方案，新区管委会立项。可在新区内选择2~3个社区，进行绿色文化社区培育试验性研究。

四是建议贵安新区生态文明国际研究院抓紧提出"贵安新区绿色发展法治样板社区"课题研究计划和方案，新区管委会立项，可在新区内选择2~3个社区，进行绿色发展法治样板社区试验性研究。

总之，贵安新区作为国家级新区，在一张白纸上白手起家，发展迅速，但是作为贵安自身的城市形象，城市文化并没有完全显现。绿色城市发展方向不失为一个合理可行的选择，从打造社区绿色文化开始，以绿色大学城为突破口，绿色先行，你我有责。绿色是新区的发展特征，打造零碳社区、低碳出行、循环经济、绿色城乡。

第二十二章

城乡融合建设对策

（第 39 期，2018 年 7 月 26 日）

地点在贵安生态文明国际研究院会议室；出席人员有文凤华（中南大学教授、博导）、崔立伟（遵义开发区管委会）、朱四喜（贵州民族大学生态环境工程学院院长）、袁远爽（贵州民族大学生态环境工程学院教授）、陈秋菊（贵州民族大学环境工程学院）、冉小军（贵州民族大学环境工程学院）、张金芳（贵安新区大数据办副主任）。

摘要：这期博士微讲堂（总第 39 期）围绕"中国城乡融合建设对策"，邀请了中南大学教授、博导文凤华，遵义开发区管委会崔立伟，贵州民族大学生态环境工程学院院长朱四喜，贵州民族大学生态环境工程学院教授袁远爽，贵州民族大学环境工程学院陈秋菊、冉小军，贵安新区大数据办副主任张金芳共同探讨。会上大家围绕绿色金融建设经验、生态文明建设、城乡质量建设进行了热烈的交流与讨论，针对中国特色新城视野下的"新城"如何建设及如何发挥它的功能作用等各位专家发表了各自的意见和建议，大家都有所启发，达到了思想交流与碰撞的目的。详细内容敬请关注绿色贵安后续报道。

会后贵州民族大学生态环境工程学院院长朱四喜、贵州民族大学生态环境工程学院教授袁远爽带队的贵州民族大学生态环境工程学院 2015 级湿地班湿地工程技术实训 40 位同学还实地参观考察了新区规划馆、综合管廊、月亮湖，进一步详细了解贵安新区城市设计、功能配套、基础设施建设、海绵城市、绿地系统、交通设计等方面的发展情况，并对新区的热情接待表示感谢。

第二十三章

基于大数据考察贵安新区
社会人文生态等研究

（第 41 期，2018 年 9 月 10 日）

新城观点：贵安新区开发建设 5 年，因为大数据等新兴产业迅猛发展引起国际上的较大关注，这次从大数据科技角度对年轻的"白手起家"的贵安新区进行社会人类学的考察研究，很有意义。印证了新时代高起点高要求高质量开发建设国家级新区的核心价值，新城需要跨越发展，需要换道赶超，建设有中国特色新型城市，为世界贡献新城智慧。

新城源于新兴产业、新兴理念，为人类美好生活提供生态智慧的环境。

关键词：新兴产业　科技角度　社会人文　生态文明

摘要：潘彦君博士的研究课题主要是从概念性、哲学性的角度来看大数据，因为大数据涉及社会、文化、生态和科技各个层面。本次讨论内容包括观察政府、专家和产业如何讨论大数据、如何使用大数据、如何应用大数据，以及鼓励什么样的大数据产业等，本研究想从大数据在贵州的发展来了解当地的人文生态变化。

大家进行了热烈的讨论，贵安新区有关职能部门交流了新兴产业尤其是大数据产业给新区带来的变化以及有关部门大力推进新兴产业的创新举措和初步实现的效果等，同时讨论了"逆全球化"趋势与大数据发展的关联，给人以启发。

相关讨论

梁盛平博士：

我先来介绍一下，其实我们今天这个也是一个讨论会，上周贵州大学的王秀峰院长把他给省发改委做的"三化"（高端化、绿色化、集约化）研究成果拿到我们这边交流了一下，我们也邀请了几个人一起讨论，收获很大。因为"三化"的研究通过新结构经济学的方法量化，五年来整个贵州省的"三化"水平他都给测出来了，量化之后，做了很多数据模型，整个研究非常严谨，提出的政策建议非常有针对性，大家都感悟很深。本次讨论会，邀请到了潘彦君博士后，她是台湾同胞，在英国读的硕士，瑞典读的博士，现在瑞典隆德大学做博士后研究。她去年参加了贵州省的数博会，对贵州的大数据非常感兴趣，想做一个课题研究，以贵安新区作为案例对其进行为期一年的深度调研，通过大数据来系统地解读贵州及贵安新区生态、基础建设、经济、科技与人文发展之间的关系情况。我觉得能够花一年的时间到研究对象所在地深入研究，这种精神就是一种扎实研究的精神。贵安新区很缺乏这种系统的研究，包括我自己很多时候都是很匆忙的开题匆忙的结题，做得都不够深入和系统。所以那天民族大学的一个教授带潘博士过来，我觉得很好，经过这段时间的了解，发现她做研究非常严谨，所以我们也非常欢迎她。至于所做的系统性研究成果，肯定首先是你个人的，但是贵安新区提供帮助的也可以共享。如果这个研究成果真的很有效，对我们的实践很有指导意义，新区管委会也会采纳应用。我们今天分两部分，潘博士就介绍一下她的课题，然后大家进行自由讨论。

潘彦君博士：

今天很高兴能够通过贵安生态文明国际研究院这个平台来认识大家，与大家介绍我目前正在进行的研究计划，这个研究计划主要是探讨政府科技政策、环境及当地文化之间互动的关系，这是我第一次特别从科技产业的角度来做人类学的研究，其实大数据或数据对我来说是个陌生的领域，我之所以会开始关注大数据的议题，主要是因为几年前 Facebook 开始在瑞典北方的一个小城市建设其欧洲的数据中心总部，这个工程在瑞典引起了一些讨论，尤其是环保团体对这个工程特别关心，今年网络书店亚马逊也选择在瑞典西南部的一个城市搭建数据中心，因为这些数据中心的建立，我开始关注数据方面的一些讨论，也将注意力转移到了欧洲以外的地方，例如中国。

首先我们可以大概来聊一下目前数据的影响与发展。《经济学人》杂志在 2017 年 5 月的刊物提出世界上最有价值的资源不再是石油，而是数据。这显示数据的重要性已经是不可回避的，大数据发展正在驱动经济社会诸多领域，例如医疗、公共安全、政府治理等，越来越多的政府企业都有这个共识，另外大数据也是数字经济的关键生产要素，所以大数据产业的发展状况，一定程度上代表区域经济未来的增长潜力。

现在一些拥有和处理数据的巨头公司正引发人们类似的担忧，包括 Alphabet（Google 的母公司）、亚马逊、苹果、Facebook 和微软在内的巨头公司看起来都势不可挡。这些公司是全球市值最高的 5 家上市公司，它们的利润激增：2017 年第一季度，这 5 家公司的利润总额超过 250 亿美元。亚马逊占据美国人在线消费的一半，去年美国数字广告收入增长几乎全部来自 Google（谷歌）和 Facebook。的确，互联网和企业手里的数据赋予了这些企业巨大的权力。正如 20 世纪初庞大的石油公司因为垄断市场，导致外界要求拆解这些公司。在欧洲，对这些庞大的数据科技公司，也面临同样的呼声，因为外界意识到他们掌握了太多的数据，这不只是因为他们逐渐地垄断市场获取极大的商业利益，更是因为数据牵涉一些更复杂的法律问题，例如个人隐私权等。最近刚出台生效的欧盟《通用数据保护条例》，GDPR（General Data Protection Regulation）是欧盟为欧盟公民数据处理制定的一套统一的法律和更严格的规定，其中规定了对违规行为的严厉处罚。这些罚款是以行政罚款的形式出现的，可以对任何类型的违反 GDPR 的行为进行处罚，包括纯粹程序性的违规行为。其罚款范围是 1000 万到 2000 万欧元，或企业全球年营业额的 2% 到 4%，这个处罚是相当严厉的。

为什么会有这些变化呢？大型数据公司的出现及垄断现象以及相关数据法律的出台。很简单地说，随着网络和智能手机的发展流行，产生了愈来愈多的数据，智能手机和网络让数据无比丰富，无处不在，更有价值。

无论您是去跑步，还是看电视，甚至只是坐在车里，都会产生数据，为数据处理提供了更多的原料。随着从手表到汽车各种设备都接入网络，数据量持续增加：有人估计无人驾驶车辆每秒将产生 100G 数据。同时，像机器学习这样的人工智能将从数据中提取更多的价值。其算法可以预测客户何时准备购买商品，喷气发动机何时需要维修，或者一个人何时会罹患疾病。那什么样的人才是大数据人才呢？可以从大数据岗位和技能需求的角度进行定义和分类。第一类当属数据分析师。数据分析师熟悉大数据的概念和原理，具有一定的数理和统计学知识，能够熟练操作和使用数据软体和工具，他们工作在大数据与各个领域结合的第一线。第二类是数据工程师。数据工程师应该能够开发和搭建数据平台和应用，并且熟悉数据挖掘的流程和原理，为大数据技术应用在各个领域提供解决方案。第三类是数据科学家。数据科学家需要熟悉各种大数据技术的原理和相对的优劣势，合理利用各种技术来设计大数据平台的架构，根据数据挖掘的使用需求和商业理解来设计和开发算法。

再次我想谈一下数字科技是如何在我们的生活里具体呈现的，我暂且定义为数字科技的有形与无形。网络现在几乎是无所不在，对许多人而言，早上起来的第一件事可能就是上网收信，看手机上是否有新的信息等，上网就像空气和水一样的平常，但如果哪天你起来发现没有网络了，或者网络速度很慢，你才会注意到网络的存在，以及其他支持你上网的设施，例如电信公司、管线等一些基础设施，这是我所指的有形无形。在讨论科技与社会的互动与发展时，同时兼顾无形和有形的层面是很重要的，因为这样的角度可以让研究较全面的探索一个社会现象，特别是在讲城市化的过程里，尤其是现在很流行的智慧城市，需要许多的硬体软体设备、基础设施，这可以让我们注意到我们周遭环境是如何改变的等。那么什么是大数据？在我的研究计划里，我是从两个角度去定义大数据的，一个是就技术方面，另一个是技术对社会的影响，也就是技术的应用与其社会文化性。大数据又被称为巨量资料，其概念其实就是过去 10 年广泛用于企业内部的资料分析、商业智慧（Business Intelligence）和统计应用之大成。但大数据现在不只是资料处理工具，更是一种企业思维和商业模式，因为资料量急速成长、储存设备成本下降、软体技术进化和云端环境成熟等种种客观条件就位，方才让资料分析从过去的洞悉历史进化到预测未来，甚至是破旧立新，开创前所未有的商业模式。一般而言，大数据的定义是 Volume（容量）、Velocity（速度）和 Variety（多样性），但也有人另外加上 Veracity（真实性）和 Value（价值）两个 V。但其实不论是几个 V，大数据的资料特质和传统资料最大的不同是资料来源多元、种类繁多，大多是非结构化资料，而且更新速度非常快，导致资料量大增。而要用大数据创造价值，不得不注意数据的真实性。另一个就是去探讨这些计算系统和数据所产生的社会和技术层面上的影响，以及伴随这些影响所产生的对未来的预测、想象和寄望。在现有的文献里，大数据论述大致有乐观和悲观两种。乐观的角度认为大数据可以提供更精确精准的能力来解决全球问题，例如气候变迁、传染病、扶贫等；改善政府治理、促进经济发展、开拓未来视野；悲观的角度则强调数据安全、个人信息与隐私如何保护、企业对个人信息的使用如何规范、个人信息的使用权和风险等。

我的研究课题主要从概念性、哲学性的角度来看大数据，因为大数据涉及社会、文化、生态和科技各个层面，观察政府、专家和产业如何讨论大数据、如何使用大数据、如何应用大数据以及鼓励什么样的大数据产业等，本研究想通过大数据在贵州的发展来了解当地的人文生态变化。所以我现在就大概地介绍中国在大数据方面发展的概况，2016 年算是中国推展大数据非常积极的一年，在这一年中国政府陆续推出几个具有指标性的计划，目前在中国就有 8 个国家级大数据综合试验区，而且到 2017 年 1 月，全国各省市相继出台了大数据相关发展规划。可预见的是，在大数据产业发展不断提速，大数据安全日益受到重视的背景下，与大数据相关的产业园将成为园区发展的新蓝图。各省纷纷规划大数据产业园，2016 年国家发改会批了 7 个国家级大数据综合试验区，包括京津冀（北京、天津、河北）大数据综合试验区、珠三角国家大数据综合试验区（包括广州、深圳、佛山、东莞、中山、惠州等九个城市），而上海则作为东部试点城市，与其他六个省市也纳入第二批国家级大数据综合试验区。在综合试验区的框架下，这些产业园区搭建大数据的基础设施，建设大数据产业基地，建设孵化基地培植企业，另外也加强学校和产业之间的联结。

接下来我就来谈谈贵州的数据梦，简单陈述贵州发展大数据的时空背景。贵州是中国大数据产业最早开发的地区，其实早在 2012 年陈刚书记到贵州后就开始酝酿筹备发展大数据，2014 年就开始了一系列的相关规划活动，包括行政单位的筹建，招商工作等。2014 年 3 月 1 日贵州·北京大数据产业发展推介会在北京举行，正式开启贵州大数据发展。2014 年 5 月 1 日《贵州省信息基础设施条例》正式颁布实施，这是全国第一部信息基础设施地方法规，2014 年 5 月 28 日贵州省大数据产业发展领导小组成立，2014 年 10 月 15 日云上贵州系统平台开通上线，这个平台是我国第一个省级政府数据统筹存储、管理、交换、共享的服务平台。2015 年举办了第一次国际大数据博览会，2015 年 3 月，贵州推出《贵安新区推进大数据产业发展三年行动计划》，完善贵安云谷的基础设施、建立大数据资源平台、搭建公共服务平台、加速产业聚集示范等重点工程和项目，2015 年 4 月 14 日全国首家大数据交易所——贵阳大数据交易所正式挂牌运作。在这样的背景下，我开始对大数据感到好奇，也开始了目前这个研究计划，这个计划主要想以大数据作为一个切入点，来探索追求数字经济的过程，而从刚刚简单介绍的背景里，我们看到这个过程是结合政治、经济、生态和文化等许多因素的一个社会急速转变的过程，所以我希望能从人类学微观的角度来记录分析这个过程对人类生活、社会、生态环境的影响，目前初步的研究题目方向有三个：一是透过贵州打造大数据产业、贵安新区南方大数据基地的建设，来讨论分析中国大数据是如何被建构的，在这个论述里呈现了什么样的比喻、科技视野以及对未来的想象。二是在贵州大数据试验区建设的过程中，大数据是如何具体地被塑造呈现的，什么产业，什么建设，什么样的社会关系。同时，在这个过程中，大数据是如何改变贵州的环境和乡村的发展的。三是在政府政策的推动下，大数据是否带来了经济繁荣，大数据和贵州当地有什么潜在的张力吗。大概从这三个方向去对贵安新区做一些长期的记录。

讲了这么多，大家可能会问，一个人类学学者怎么去做这样的研究呢？因为听起来它是一个很大的东西，我一个人怎么去做这么多的事情，所以又回到我刚刚讲的所谓科技的有形跟无形。我一直在强调我想要看到的是大数据对贵州或者是说贵阳、贵安新区的一些具体的影响和改变，那我要去看一些东西，所以最有名的就是你们的数博会了，它是一个国际平台，很多分论坛，会有很多商家在展览中心设点，也会有民众过来，它成了一个舞台，展示你想要的科技、产业，在这个时候也会有很多与省政府的合作项目签约，所以我也是通过数博会才知道贵阳这个地方，对于我来说数博会已经慢慢成为贵州的一个明信片。在参加数博会之后，你可以看到一些国外的人怎么看贵州，通常我碰到一些欧美的专家都是因为数博会第一次来到贵阳，不然他们其实不知道贵州在什么地方，大家到这边来第一印象都比较好，为什么会在这个地方搞一个数博会，搞一个大数据，其实大家都对这个很感兴趣，因为不是在上海，也不是在北京，所以数博会提供的是初步进入大数据领域的一个点。我参加了两次世博会，数博会允许我一个人类学家出入。看哪些议题被讨论，哪些方向是政府想要去推广、去注重的。所以我就拍了一些照片，其实从数博会的筹办，到整个的会议举办期间，在城市里面走一下，就可以看到很多的旗帜和海报，从这可以看出政府是怎么去构建大数据政策的，因为这其实是在推销贵阳、贵州这个地方。再者因为它是一个国际舞台，一般人都可以看得到。所以我就在路上走，顺便看它是怎么改变贵阳市在数博会期间的市容的。在会议中心的门口，很多标语其实是很实际地体现出政府重视哪些东西，像中国数谷、云上贵州等。你可以看到很多不一样的词语在描述这个活动，实施国家大数据战略，加快建设数字中国诸如此类的。在数博会期间可以看到很多类似的标语和海报，真的可以感受到政府在极力推行这个东西。当然我现在讲就是眼睛初步可以看得到看得懂的东西。这是从数博会去看，那另外我怎么去看有形的大数据的东西，我列出一些像基础建设，必须去建什么东西才能发展推广大数据产业，然后因为这个政策推广城乡空间设计是怎么样变化的，再就是具体去看哪些产业被扶持了，还有怎么去招商，怎么吸引这些企业到这边来。最后可以看到城跟商之间的关系，因为毕竟这边是乡村，我们发展大数据产业，其实是一个城镇化的过程。他们之间的张力是怎么样呈现的，我去年首先是在贵阳市，距离高新区比较近，就去了解有哪些东西，然后慢慢讨论到底要在哪个地方落脚。然后慢慢地我就到了大学城，最后到贵安新区。在这个过程当中发生了一些新的事，我之前在命题时没有想到。所以它其实是一个人类学比较微观的角度。我从一个人自己本身的身份去做一些调研，所以是从非常非常微观的角度慢慢推展到贵安新区、贵州、中国。也许之后可以把它连接到全球的大数据产业。所以我是用这种不同层次的方式去设计这样一个项目。大概就是这样一个思路，我讲完了。

梁盛平博士：

大家开始讨论吧，听了之后自由发言。我感觉这个很有意思，我们身在其中，潘博士站在旁观者的角度，并且用国际视野在看问题，我们现在通过她的视角又在看我们自己，其实做研究往往都是这样，研究它的魅力就在于专门的研究学者很系统的梳理并且会给执政者很多的启发。今天我们邀请到了新区各个职能部门，大家可以谈谈想法，自由发表自己的观点。

韩玥博士：

我觉得潘博士在咱们贵安新区做研究，贵安新区的各个职能部门既是建设者，又是蓝图规划者和实践者。尤其我看你们偏年轻，真的是在这一片新的事业发展过程当中，不管怎么样看到新区的发展，肯定很有成就感。我是学宏观经济、产业经济的，然后也做政府治理研究这一块。贵安新区是国家级新区，又有一个更高的定位，刚才潘博士讲贵州的数据梦，这个我信心是很足的，因为一个是咱们新区管委会整个的发展趋势，第二个从国家的重视程度，我都认为是会很不错，很好的。我还在进行对外开放发展、政府治理及对外开放发展方面的研究。贵州属于内陆经济地带，整个省既不靠海又不临国界，跟云南又不一样，而且这几年的大旅游靠着大生态，还有大数据成为整个贵州省品牌。贵安新区是每年数博会的主战场，去年我也是过来参加的数博会，今年也是嘉宾。所以说潘博士对数博会的了解，可能还仅仅以为贵州就签了一些协议，其实并不完全这样，而是相对整个中国乃至国际来讲，跟数据产业相关的行业，包括地方政府重视的都在参加，把数博会作为了解大数据产业趋势和展示的一个平台。它不仅仅是贵州签多少合作协议，产生多少效益，当然这种效应有微观有宏观的，比如对本省的服务业就有一些带动，如酒店一房难求。但是更多的是从宏观来讲，说实话我们贵州省要了解如长三角、珠三角的发展，甚至首都以及兄弟省份的经济发展，还有更多的是国际化的发展，就像潘博士说的最后从微观到宏观，宏观到微观来回反复地思考。对国家的定位，一个地区经济的定位，乃至贵安新区的定位，我们都在思考，所以我还是想听听我们新区各部门同志的梳理，然后我们再做交流。

王彦：

其实我们社管局职能有文化、科技、体育等，其实管的还是蛮复杂的，然后贵安新区这边因为成立的比较晚，定位是国家级新区，以大数据产业为优先。我们选企业进来的时候，也就是以高新企业为标准，比如潘博士刚刚图片上的富士康、华为都有入驻，然后还有一个白山云，都是这种高新企业。今早上我参加了一个评审，周成虎院士有一个院士工作站，落户到了我们贵安新区。其实贵州的经济产值和中国其他发达的省份是没有办法相比的，能够吸引这些企业落户到我们贵安很不容易，吸引过来之后能留下来，就更不容易了。这些都是我们后续需要考虑的问题，然后就是怎么才能够吸引他们，留住他们。现在这些企业大多都是高端的信息化的产业，他们做的这些也是我们政府现在需要的，比如遥感的测控，很多数据的处理，等等，然后为大扶贫大生态方向来服务。所以说贵安现在相当于一个新生的婴儿，什么都在等待发展，我对贵安的未来是很有信心的。现在感觉到的大数据变化，我举个例子，比如说以前我们出去买东西都要取现金，然后到实体店去，现在大数据发展以后，潘博士来到我们这以后，应该看到外面基本上很少有商店，有消费的地方，如果你想买个东西，怎么办？我们就在手机上购买。现在感觉最方便的就是那些老头老太太，他们也学会了网络购物，这个就很方便了，也不用担心遇到假钱、小偷，这是一个改变。另外一个就是现在网络很发达，促进了信息的流通，但是也有一个缺点，经常会有因信息泄露而收到的广告、电话等。就先说这么多。

胡琴：

谈一下我的个人见解，因为我来新区也就一年多的时间。从政策方面来说，有大数据十条。首先企业来这边注册有办公入驻场地的支持，比如场地租金的支持，装修这块，或者是车的专段号牌的支持。如果是中小企业，融资困难，可以通过第三方融资机构来进行风险补偿。还有运营补贴，如果企业在整个过程中成长得好了，也会通过宽带、用电、数据存储等方式来补贴。还有市场培育，比如这边有一个华为大数据学院，专门培育云计算大数据专业的人才，就会给一定的补贴，创新支持研发平台方面，也会给予一定的支持。贡献方面，企业发展好了，给政府缴纳一定数额的税之后，政府也会给予一定的补贴。比如你到这边个人企业的高管发展得好了，他会通过给房租补贴、购房等方面进行补贴。如果上市了，企业上市进融资 A 轮 C 轮，也会给予一定支持，这是政策方面。数据安全方面，会通过大学城的数据宝——数据的交易平台确保数据安全。这些就是我个人的见解，谢谢。

吴可嘉：

听了潘博士讲的这些，我们环保局，平常的工作中大数据的应用，更多的是在环境监管这一块。以前我们在环境监管这一块，如果要排查一个污染源，就要把整个片区的情况都要排查一次，时间和人力上都令人无法忍受。但是从 2014 年开始，我们和省环保厅共同建立了一个贵安新区的数字环保云平台。然后把这个云平台纳入了"云上贵州"，通过这个环保云平台，对新区的水、大气、土壤还有企业进行实时监管，大大缩短了我们的工作时间，提高了效率，就这方面我们感触还蛮深的。

张团聚：

对于我来讲，大数据不仅仅是从技术上去定义，提到大数据，针对贵州，其实就是一个名片，看贵州其实就是看贵州大数据。第二就是大数据在贵州的具体呈现。我感觉在贵安新区方面，就是大数据与实体经济的融合。在贵安新区各个方面都有，比如说大数据与第一产业的融合。在贵安新区不能说普遍，但是做出了亮点。潘博士在调研的时候，可以看一下贵澳农业园，这个就是在农业方面把大数据应用起来的典范；第二个就是大数据和第二产业。就是与工业的融合，在贵安新区刚刚大家也提到过新特纯电动汽车，贵州还有一个独角兽企业叫货车帮，本身就是大数据催生了它们的发展，所以发展得非常火。贵安新区引进的企业，在高端装备园里面基本上都是技术含量比较高的，从数据抓取上来说的话，它在这个方面相对来说是比较有优势的，所以高端装备园就是大数据与第二产业融合的一个缩影，这是比较好的。第三个就是与服务业的一个融合，贵安新区现在整个直管区范围内正在搞全域旅游，在大数据方面，可以去一下云漫湖。这个就是用大数据手段去抓取不同的时间不同的地点，旅游客源的分布，对这个相应的点去做优化，不仅仅是从管理上，甚至从那种基本的绿化、服务上优化。在这个方面我感觉做得还是比较新颖的。我自己的感受，主要就是和产业的融合方面。

伍子健：

潘博士我想问一个问题。人类学，我感觉是挺宏观的一个学科，所以我问一个比较宏观一点的问题，想听听您现在的思考。大家可能都有这种感觉，现在的世界和十年前的世界已经不一样了，现在我们口头上在说开放，说全球化，其实已经越来越小。很明显，现在是一个逆全球化的一个思路，各个主要国家偏保守主义的倾向越来越明显。包括我们今天在谈这个事情的时候，您这边举了一个例子，这个例子是一个对我们来说不存在的，网站脸书对吧？我们现在这个数据寄存在国际，然后也无法实时自由地流动，所以说从大数据的上游到传感器物联网大数据的下游人工智能，您是怎么看这个问题，就是接下来这种宏观层面大数据产业，还有与它上下有联动的产业。

潘彦君博士：

其实我真的不是大数据的专家，我其实是利用这个项目来做很多的学习。我先讲一下刚才讲脸书的问题，其实我准备的这个是我从英文版翻译成中文，然后针对不同的国家做一些修正，所以当时我在想例子怎么举，因为我切身的例子是在瑞典，所以这个例子不是我想去跟你们说怎么样去开始这样一个思路的。但是曾经想过这个例子，提出来会不会有人听不懂，像一些像苹果谷歌这些，其实很多时候你并没有办法去上网，但是其实又体现出数据真的是有国籍的，它真的是有不同的互联网，因为在不一样的国家里肯定接触到的信息是不一样的。所以就简单回应子健刚刚讲的。瑞典这个周末才刚刚结束国会大选，然后我发现是一个比较保守非常偏右一个党派得票率高。那现在就是希望能够控制移民政策，不要太多外来移民，其实就是越来越保守，所以你说全球化其实在逆转当中，现在很多欧洲国家是这样一个状况，其实大家都很担心。回到大数据来讲，跟一些所谓的数据科学家在聊的时候，他们会说其实科技的发展当时是工业发展，现在是科技，这是人类发展的一个过程。那现在我们用大数据，开始有人工智能，可能有些机器人可以做一些简单的工作，诸如此类。所以现在我所听到的一些，比较哲学方面的一些讨论就在于说人工智能随它的发展，最终我们要讨论到几个问题，就是人的价值在哪里，因为现在很多大数据产业，特别是在讲人工智能跟机器学习时，他们会很强调要讲究效率，就是如果很多工作可以由机器人自动化完成，一些人会说可以提供一些工作机会，其实很多人的工作是被淘汰掉的。但也有人讲说，新技术的产生会带来新的工作机会。所以大家也在观望当中。现在是高科技，然后是绿色经济。我觉得人类就是一个循环，每个时代会有不一样的东西在牵着我们走，不管怎么样，最终还是要回到人，因为这些东西在影响我们的生活。所以对我来讲，就是会从最终的那个角色去看，你觉得人的定义是什么？人的价值是什么？基本上是这样的一个想法。

梁盛平博士：

好，今天就是各个部门有个联系，给潘博士开个头，只要是纯学术研究，我们还是热烈欢迎的，因为你知道网络都有边界，国家数据也有国界，在贵安新区做研究，我肯定欢迎，我们做好学问的前提是安全，你到时共享出来的成果对我们也是一个突破。欢迎大家，也感谢大家！

中国特色新城视野下国家级新区城市质量建设研究[*]

一　中国特色新兴城市构建

（一）习近平生态文明思想

习近平生态文明思想深刻回答了为什么建设生态文明、建设什么样的生态文明、怎样建设生态文明的重大理论和实践问题，为探索中国特色新兴城市指明了方向、核心理念以及根本原则。

"人与自然的思想"的中国思考：绿水青山就是金山银山。我们不重蹈"先污染后治理"或"边污染边治理"的覆辙，最终将使"绿水青山"和"金山银山"都落空。我们要走科技先导型、资源节约型、环境友好型的发展之路，才能实现由"环境换取增长"向"环境优化增长"量到质的转变。"两山论"已经成为习近平治国理政思想的重要组成部分，充分体现了历史唯物主义基本原理和方法论。

山水林田湖草生命共同体。山水林田湖草是一个相互依存、联系紧密的自然系统，共同构成了人类生存发展的物质基础，人的命脉在田，田的命脉在水，水的命脉在山，山的命脉在土，土的命脉在林和草。

---

　*　根据笔者中国科协科学家宣讲党的十九大精神巡回报告（贵州站）第 6 场讲稿和第十届贵州省委决策咨询论文整理而成。

（二）当代城市挑战

城市最大挑战主要指的是在大城市里出现的人口膨胀、交通拥挤、住房困难、环境恶化、资源紧张、物价过高等衣食住行用问题。具体包括：一是城市战略方面，要避免同质化，精准把握城市发展脉络和文化本体；二是自然资源要素方面，生态文明引领新时代城市集约高效发展；三是系统规划体系方面，产业规划、空间规划、土地利用规划等有机统一；四是城市建运管方面，打造城市名片，推动城市营销向必然营销、持续营销转变；五是绿色资金体系方面，城市资源、金融资源、产业资源以系统思辨力高效整合；六是后工业化方面，经济增长方式的变革，需求与供给的和谐平衡；七是城乡融合方面，城市、城镇、乡村建设一体化；八是小康及现代化目标方面，如何缩小贫富差距，实现均衡现代化发展；九是城市质量方面，城市资源形态、经济文化形态、空间形态的有机统一。

（三）中国特色新城构建

改革开放 40 年，是国家迅速发展的 40 年，关于城市也历经"城市化""城乡统筹""城乡一体化"以及"城乡融合"等讨论。十八大以来，城市更是全面发展，提出城市 4.0 中国质量城市阶段，更多在思考中国式城市模式，探索中国特色新城的理论和实践。

中国特色新城包含三大体系：城市规划体系、城市资金体系和城市建运管体系。城市规划体系主要体现了系统规划思维，真正实现"一张蓝图干到底"思想，集社会经济规划、新兴产业规划、城市空间规划、国土规划、资源环境保护规划等于一体，完整切实描绘了城市发展的生存图景；城市资金体系主要体现在为实现城市系统规划的资金整体系统安排，确保城市投融资整体考量和系统性风险提前设置；城市建运管治体系主要体现了在城市整体发展框架下，开发建设与可持续运营与服务管理之间的完整无缝连接，确保城市健康发展和为人民服务。（见图 1）

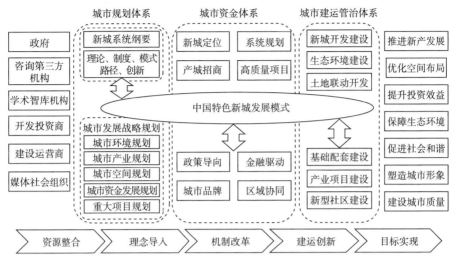

图 1　中国特色新城发展模式

二　国家级新区发展概况和贵安新区探索

（一）国家级新区发展概况

改革开放以来，至 2017 年底，根据相关公开资料统计，已有 278 个国家级的经开区、出口加工区、保税区等，有省级各类开发区 1170 个，全国各类工业园区约 22000 多个。然而随着我国经济质量发展的新阶段、金融危机冲击和新城发展需求，工业园区的政策优势逐渐弱化，土地资源和环境容量不断缩减。兼顾产业经济发展和城乡融合等新时代要求的国家级新区迅速发展起来。

国家级新区（后面简称"新区"），是由国务院批准设立，承担国家重大发展和改革开放战略任务的综合功能区。当前是推进"五位一体""四个全面"布局的关键时期，新区建设发展面临难得的战略机遇，承担着改革发展全局中重要的任务和使命，是当地乃至全国经济发展的新引擎，是体制机制创新的综合平台，是全方位扩大对外开放的新窗口，是统筹城乡发展的重要功能区，唯区域发展和新兴城市建设为战略使命。

截至 2018 年 8 月，全国共有 19 个国家级新区，其中浦东新区、滨海新区、两江新区系行政区，其余新区只设立管理委员会，涉及陆域总面积

20939 平方公里，海域总面积 25800 平方公里，总人口 2593.5 万人，地区生产总值 3.9253 万亿元。

总体发展情况。一是区位及发展条件优越。19 个新区地处陆桥通道和沿长江通道"两横"、沿海和京哈—京广以及包昆通道"三纵"的我国国土开发主要轴带，直接服务"一带一路"、京津冀协同发展、长江经济带等三大战略，加快实施区域发展总体战略、主体功能区战略和新型城镇化战略；二是开发建设成就显著。新区在创新体制机制、带动区域经济发展、扩大开放合作、优化空间格局、改善民生福祉等方面取得了显著成就。上海浦东新区地区生产总值从 1990 年的 60 亿元增长到 2016 年的 8538 亿元；三是经济社会发展良好。新区以占全国 0.197% 的土地面积，承载近 4 万亿元地区生产总值，各新区地区生产总值大部分实现两位数以上增长。

新区与产业园区关系密切，很多新区是基于产业园区的发展本底，通过产业功能要素优化提升区域发展竞争力从而达到促进国家主体功能区的快速集聚发展。新区作为综合性区域，与自由贸易试验区、海关特殊监管区、开发区等相比，创新发展的领域更综合、任务更重要、问题更复杂。新区其实就是国家对未来新兴城市不断探索，寻求人类在新兴城市方面中国的智慧，用全新的具有中国特色的思维和智慧去系统地发展。

（二）贵安新区城市实践探索

贵安新区在一张白纸上描绘了最美生态蓝图，采取"低冲击"开发理念（贵安新区低冲击开发减少暴雨径流的 80%，并延迟径流峰值近 30 分钟），植入"绿色大数据中心"产业，取得后发赶超"蛙跳式"显著效果。5 岁的贵安新区，跨越"先污染后治理"或"边污染边治理"阶段，建设好"绿色金融改革创新试验区"，直奔"绿水青山就是金山银山"新阶段，不忘初心砥砺前行再出发，聚焦"三化"（高端化、绿色化、集约化）要求立足生态本底打造绿色"贵安质量"。

探索提出"绿色金融＋绿色制造、绿色建筑、绿色能源、绿色交通、绿色消费"（1+5）绿色发展质量体系，着力解决目前发展阶段"水多、水少、水脏"等突出环境问题，加大山水林田湖草生态系统保护力度，加快"绿色金融改革创新试验区""绿色大数据中心基地"等重点项目。2018 年

1~5 月绿色大数据产业规模达 146.36 亿元，其中电子信息制造业总产值 88.8 亿元，同比增长 321%。"绿色金融 +"与"绿色大数据 +"已初步形成新区绿色质量发展的双驱动力，加速贵安新区作为内陆开放型新高地、生态文明示范区、西部重要增长极战略目标实现。（见图 2）

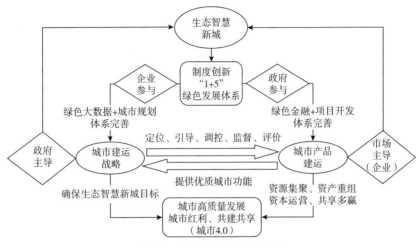

图 2　贵安新区城市发展图

三　国家级新区问题研析

1. 产业核心竞争力不强。产业体系没有完全构建，产业结构存在不合理现象，优势产业还有待打造，尤其是高新技术产品研发和转化能力不足等问题严重制约发展后劲和整体竞争力。建议新区充分发挥自身发展平台，从优质特色产业切入结合大数据智慧分析，奋力破解产业创新驱动发展的难题，积极探索新路子，形成自身核心竞争力。

2. 要素集约优化度不高。新区的加速发展体现了国家对区域经济社会发展的迫切要求，产业园区和产业功能区布局相对分散，一定程度上不利于要素集聚效应发挥，要素利用效率有待提高，开发建设与生态环境保护协调不足等问题，一定程度上对新区未来可持续发展造成影响。

3. 特色风貌创新不明显。中国发展进入后"城市化"阶段，让人望得见山，看得见水，记得住乡愁，区域特点彰显不足，在建设过程中，一些新区存在城市建设定位过高，千城一面的现象，特色产业竞争能力不强，具有支撑性的特色产业普遍处于培育阶段，还缺乏重大项目的支撑，特色鲜明的专业园区发展壮大有待时日，特色化产业发展优势尚未形成。

4.体制机制改革不彻底。新区发展最重要的是体现"新"字，尤其是要打破惯性思维，不断改革，立足不同发展阶段和自身特点构建各具特色和高效运转的行政架构，坚持为人民服务，打造开放的服务平台，强化政府统筹和引导的职能，盯住加快发展和民生保障不动摇，出新招出实招，通过发展解决阶段性的矛盾。

四　结论与对策

（一）国家级新区层面

1.继续把握机遇奋力发展。新区要在国家后城市发展阶段强势发力，传承改革开放的红利优势，为中国特色新兴城市夯实发展基础。国内经济结构调整与矛盾化解任务繁重，新区需注重节约集约利用要素资源，要重点发展知识技术密集、综合效益好的新兴产业。我国体制机制改革的深刻性、复杂性、艰巨性前所未有，要建立高效运转的行政管理体制，要围绕重大问题先行先试。重点推进实施"一带一路"、京津冀协同发展、长江经济带三大重大国家战略，要充分发挥对外开放合作方面的比较优势促进新区更好发展。

2.强力突出重点奋力示范。要强调综合能力示范，不断增强新区综合承载能力，既要着力满足群众生产生活需要，又要提升新区产业和人口集聚能力。要加快产业转型示范，引导重大产业项目优先向新区集中。要着力招商引资示范，要保持新区持续发展活力，必须有"五个一批项目"，即一批在谈项目、一批签约项目、一批动工项目、一批在建项目、一批投产项目。借鉴中国（上海）自由贸易试验区的成功经验，实现投资和优质要素进出便利化。要增强绿色发展示范，实行最严格的耕地保护制度和节约用地制度，积极开展国家级生态文明试点示范。要强化金融驱动绿色金融创新示范，充分利用发挥开发性金融的撬动引领作用，加强风险防控。

3.坚持创新体制机制奋力改革。要深化行政审批改革，最大限度地赋予新区行政管理机构相关管理权限，加快建立统一高效的综合管理体制机制，建立健全权力清单制度，创新行政管理体制，提高行政效率。要率先重点突破改革，以全面深化改革为动力，每年围绕1~2个重大问题开展试验探索，支持贵州贵安新区重点围绕构建产城融合发展的新机制，以产业集聚促进新型城镇化发展开展探索。

4.进一步优化格局奋力新貌。根据不同新区的功能定位和所处的发展阶段，实施差异化发展策略，优化新区空间布局，要按照主体功能区差异化城市风貌，落实区域发展总体战略和区域发展三大战略要求，进一步扩展新区布局，丰富新区功能。要因地制宜突出新貌，支持新区根据地方民族民俗特色加快保障性安居工程特色建设，重视新区城市设计工作，突出特色风貌。要和谐发展生态新貌，按照生产空间集约高效、生活空间宜居适度、生态空间山清水秀的原则，合理安排好新区空间布局和用地安排。

（二）贵安新区层面

贵安新区开发建设五年来，正处在大发展的拐点时期，贵安新区正在按照习近平总书记视察新区提出的"高端化、绿色化、集约化"指示和国务院批复提出"三大"战略使命的要求不断探索实践，继续紧紧依托"大数据＋城市系统规划"和"绿色金融＋资金体系构建"新城双驱动发展引擎，坚持规划先行、控制引导、制度改革、金融创新，加速构建"产业体系""生态体系"和"民生体系"，奋力高质量实现西部现代化新型城市建设目标。（见图3）

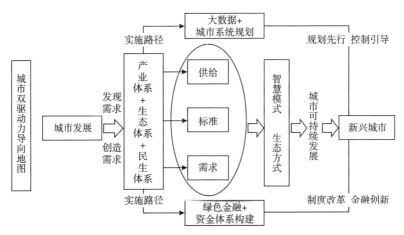

图3　贵安新区城市双驱动力导向分析图

1. 明确产业方向，加快集聚人气。针对近期主攻产业，明确细化方向，应出台切实有效的配套政策，建议新区主攻智能终端、高端显示、新能源汽车、集成电路、数据中心、数字经济 6 个领域产业，不要贪大图全，其中智能终端、新能源汽车已建链完成，高端显示领域应抓紧选择优质企业进行建链。并出台针对性补链强链招商措施。发挥大学城产教融合功能，加强与清镇职教城和大学城职业学院联系，实施校地、校企联动，切实解决技术工人的来源问题。

2. 坚持大部门制，放权强服敢闯。进一步理清新区机制体制，权力下放，强化统筹，加强激励，建议坚持以产业管委会（小管委）为主，加强统计审计以及监督职能，充分使用大数据平台，坚持以市场化为路径，坚持事中事后管理服务为核心，聚焦引领性产业，进一步坚持大部门扁平化改革，减少不必要的人少环节多的弊端，理清产业管委会、属地乡镇和村落之间体制机制，进一步释放活力。

3. 精准配套，以点带面循序推进。以市场化方式加紧推进土地人力等生产要素供给配套和完善教育交通文化娱乐等生活生产性配套，针对两头在外的企业通过组织物流拼车等方式减少物流成本，针对中小微科技型企业创新强化互助资金池建设，针对大学城加强回归科教特色产业发展以支撑新区发展，切实改变重建设轻服务的理念。对于重大产业如喷涂线等配套问题，争取省里的支持。加强集约用地，探索混合用地。

4. 人才激励，政策是子弹，要准要实，同时充分使用好人才。坚持"百分之百服务好企业家、百分之百服务好干部职工、百分之百服务好老百姓"三百方针，加快激活"人才一江春水"，让大家想做事敢做事能做事。新区至今还没有一套切实可行的人才吸引政策，建议对既定的政策推进落实、兑现，不然也影响新区的信誉和可持续发展，建议参照贵阳市人才政策标准进行落实，加大对知识分子的吸引力度并创造条件让其发挥最大作用，建议增加一定比例的外地人才，完善人才或人力资源合理结构。同时加强人才社会组织建设，推进发展研究院等综合智库建设。

5. 创新融资模式，建设绿色项目库，用发展思维控制系统性风险。发挥财政资金撬动引领作用，积极引进社会资金，探索绿色金融创新为主的多资金来源，探索绿色标准，建设绿色项目库，拓展思维推进控制系统性金融风险。多渠道建立更多基金，通过"招投结合""长短结合"，围绕绿色项目加快包装融资，降低成本扩大资源，不断完善融资体系，积极向上争取产业扶持政策和资金。由园区产业管委会（小管委）牵头组织园区内的企业相互担保，共同成立资金池，采取抱团取暖的方式，实现闲余资金的调剂融资使用。

参考文献

张承惠、谢梦哲等:《中国绿色金融经验、路径与国际经验》(修订版),中国发展出版社,2017,第 11 页。

国家发改委编《国家级新区发展报告2017》,中国计划出版社,2018。

梁盛平:《生态文明与低冲击开发贵安绿色金融＋城市质量实践探索》,社会科学文献出版社,2018。

梁盛平:《贵安新区绿色金融改革创新实践》,《开发性金融研究》,2018年第2期。

后　记

国家级新区绿色发展博士微讲堂，开办于 2013 年，目标是服务国家级新区绿色发展有关报告的编制，为绿色发展相关思考建言献策，探索国家级新区可复制可推广的绿色发展有关发展经验和模式。目前参与人员有国内外相关博士（政府、企业、社会领域），包括 3 名院士、5 位"千人计划"学者、有关学院院长和高校校长 9 人，目前有 500 余人微信群，讨论完成 500 余人次，发起人有梁盛平、柴洪辉、潘善斌等。不断下沉到产业园区，深入村寨百姓中间，宗旨是不忘读书初心，继续前进，奋力推进博士微讲堂，每期三五博士说微语、道未语、尽为事。

自 1992 年国务院批准成立上海浦东新区，至 2018 年 8 月，已有 19 个国家级新区，涉及陆域总面积 20939 平方公里、海域总面积 25800 平方公里，总人口 2593.5 万人，地区生产总值 3.9253 万亿元。国家级新区承担着打造国家区域经济新引擎、探索体制机制新经验、创新协调发展新模式、践行新型城镇化先行区、推进新兴城市发展试验区的重要国家历史使命。

笔者有幸自 2012 年底成为贵安人（最初为新区总规划师），见证践行贵安新区 2012 年新区组建及 5 年来的创业发展，从白手起家建设新区开始，历经机构组建、总体规划、大量征地拆迁、配套建设、招商，后又机构改革、总结得失、产城融合、目标矫正、新区再出发等，作为一名规划师，经历这些年后，感悟很深。特整理这本新城讨论集，借诸位专家跨 5 年时间的最自由的建议，整理成 27 篇讨论稿，与大家分享新城市发展的智慧之光，没有标准答案只有更多新的思考，但愿能给予关心新城市的各位一丝丝启发，就达到编辑出版这本书的初心了，这次完成《新城》，下一步继续推出《新城》第二部。

再次感谢参与博士微讲堂的诸位专家（在具体讨论中如实把大家名字标出）！因体量较大，有些根据录音整理还没有把整理稿发给本人看，如与本人观点有出入请及时向我反馈，我等将第一时间纠正，本书各章节仅代表各参与讨论者观点！最后恳请众阅者斧正！

梁盛平写于贵安生态文明国际研究院未名室

2018 年 11 月

图书在版编目（CIP）数据

新城：贵安微讲堂 5 年 / 梁盛平编著 . -- 北京：
社会科学文献出版社，2018.12
　（国家级新区绿色发展丛书）
　ISBN 978-7-5201-3827-7

　Ⅰ . ①新…　Ⅱ . ①梁…　Ⅲ . ①生态城市 - 城市建设 -
研究 - 贵州　Ⅳ . ① X321.273

　中国版本图书馆 CIP 数据核字（2018）第 247733 号

· 国家级新区绿色发展丛书 ·

新城
——贵安微讲堂 5 年

编　　著 / 梁盛平

出 版 人 / 谢寿光
项目统筹 / 丁　凡
责任编辑 / 丁　凡　张金木

出　　版 / 社会科学文献出版社 · 区域发展出版中心（010）59367143
　　　　　　地址：北京市北三环中路甲 29 号院华龙大厦　邮编：100029
　　　　　　网址：www.ssap.com.cn
发　　行 / 市场营销中心（010）59367081　59367083
印　　装 / 三河市龙林印务有限公司

规　　格 / 开　本：787mm×1092mm　1/16
　　　　　　印　张：16.5　字　数：257 千字
版　　次 / 2018 年 12 月第 1 版　2018 年 12 月第 1 次印刷
书　　号 / ISBN 978-7-5201-3827-7
定　　价 / 88.00 元